复杂环境下
无线传感器网络
健康管理研究

李绍华　冯晶莹　贺　维　著

清华大学出版社
北　京

内容简介

无线传感器网络被应用于复杂环境下时,存在缺乏故障数据、监测数据丢失、监测数据可靠性下降、运行环境干扰等诸多不利因素,因此会影响健康管理的可靠性和准确性。本书基于置信规则库专家系统研究无线传感器网络健康管理系统的建模方法,并应用于工程实践。置信规则库专家系统融合了定量数据和定性知识,能处理专家定性知识存在的模糊性和不确定性的问题。为确保建模过程的透明性和可参与性,本书采用证据推理规则作为推理工具,保证推理结果是可解释和可追溯的。

本书可作为高等院校人工智能、网络安全、自动控制等相关专业的本科生或研究生教材,也适合从事无线传感器网络相关工作的工程技术人员阅读参考。

图书在版编目(CIP)数据

复杂环境下无线传感器网络健康管理研究/李绍华,冯晶莹,贺维著. —北京:清华大学出版社,2023.9
ISBN 978-7-302-64578-8

Ⅰ.①复…　Ⅱ.①李…②冯…③贺…　Ⅲ.①无线电通信—传感器—研究　Ⅳ.①TP212

中国国家版本馆 CIP 数据核字(2023)第 180122 号

责任编辑:张龙卿　李慧恬
封面设计:曾雅菲　徐巧英
责任校对:刘　静
责任印制:杨　艳

出版发行:清华大学出版社
　　　　网　　　址:https://www.tup.com.cn,https://www.wqxuetang.com
　　　　地　　　址:北京清华大学学研大厦 A 座　　　　　　邮　　编:100084
　　　　社　总　机:010-83470000　　　　　　　　　　　　邮　　购:010-62786544
　　　　投稿与读者服务:010-62776969,c-service@tup.tsinghua.edu.cn
　　　　质量反馈:010-62772015,zhiliang@tup.tsinghua.edu.cn
　　　　课件下载:https://www.tup.com.cn,010-83470410
印　装　者:三河市龙大印装有限公司
经　　　销:全国新华书店
开　　　本:185mm×260mm　　　　印　　张:9　　　　字　　数:207 千字
版　　　次:2023 年 11 月第 1 版　　　　　　印　　次:2023 年 11 月第 1 次印刷
定　　　价:45.00 元

产品编号:102227-01

前　言

　　无线传感器网络(wireless sensor network,WSN)是由分布在不同空间上的若干传感器设备组成的一种计算机网络。健康管理旨在评估、诊断和预测组件故障的发生,从而将复杂系统的意外停机时间降至最低。WSN 节点容易由于能量损耗、硬件故障、软件故障、通信故障或网络攻击等原因导致可靠性下降,乃至使系统瘫痪,因此其健康管理是非常重要的。

　　本书主要的研究成果如下。

　　(1)提出基于双置信规则库的 WSN 健康评估模型。WSN 数据传输是通过无线方式实现的,对环境的干扰非常敏感,数据容易出现不规则波动和丢失问题。利用监测指标的历史数据建立基于 BRB 的丢失数据补偿模型,估算丢失的监测数据;再根据补偿数据和监测数据,建立基于 BRB 的健康评估模型,对 WSN 健康状态进行评估。为解决初始 BRB 丢失数据补偿模型和 BRB 健康评估模型精度低的问题,提出投影协方差矩阵自适应进化策略(projection covariance matrix adaption evolution strategy,P-CMA-ES),对两个初始模型分别进行优化,提高评估精度。实验表明,双 BRB WSN 健康评估模型可以准确地评估监测数据的丢失值和 WSN 健康状态。

　　(2)提出基于 BRB-r 的 WSN 健康评估模型。当被监测系统的运行状态发生变化时,WSN 采集到的监测数据可能会受到干扰和破坏,导致监测数据的可靠度下降,影响健康评估的准确性。提出利用属性可靠度来处理不可靠的监测信息,建立基于 BRB-r(BRB with attribute reliability)的 WSN 健康评估模型;利用监测数据之间的平均距离计算 WSN 特征属性的可靠度,解决属性可靠度下降的问题;使用 P-CMA-ES 模型对初始 BRB-r 模型的置信度、特征权重和规则权重等参数进行优化,提高健康评估精度。实验表明,BRB-r WSN 健康评估模型能够充分融合定量指标数据和定性专家知识,解决属性可靠度下降问题,准确地评估 WSN 的健康状态。

　　(3)提出基于 BRB-SAQF 的 WSN 节点故障诊断模型。受 WSN 复杂的工作环境和无线数据传输的影响,WSN 收集的数据中含有噪声数据,导致故障诊断过程中提取的数据特征存在不可靠的数据。为了减少不可靠的数据特征对故障诊断准确性的影响,提出了一种带有自适应质量因子的 BRB 故障诊断模型。首先,提取 WSN 节点故障诊断所需的数据特征;接着,引入并计算输入属性的质量因子;然后,设计带有属性质量因子的模型推理过程;最后,使用 P-CMA-ES 算法优化模型的初始参数。实验结果表明,BRB-SAQF 可以减少不可靠的数据特征的影响。自适应质量因子计算方法比静态属性可靠性方法更加合理和准确。

（4）提出基于 PBRB 的 WSN 节点故障诊断模型。传感器节点的故障诊断需要从原始采集的数据中提取特征数据。不同类型故障的特征数据具有相似性，而诊断结果却难以区分故障类型，这些无法区分的故障类型被称为模糊信息。提出使用幂集 BRB 识别框架来表示模糊信息，使用 ER 作为推理过程，使用 P-CMA-ES 进行参数优化。实验验证结果表明，与其他故障诊断方法相比，PBRB 方法具有更高的准确性和更好的稳定性，不仅可以识别难以区分的故障类型，还具有小样本训练优势，模型获得了较高的故障诊断精度和稳定性。

（5）提出基于 BRB 和 Wiener 过程的 WSN 最优维护决策模型。WSN 最优维护决策的目标是为用户提供最优维护时机，实现系统性能指标最优和维护费用最低。为解决 WSN 健康评估决策存在的监测数据缺乏和复杂系统机理两个问题，提出基于 BRB 和 Wiener 过程的最优维护决策模型：先利用 BRB 模型对 WSN 健康状态进行评估；再根据当前的健康评估状态，利用 Wiener 过程预测 WSN 健康状态，得到最优的维护时机。在基于 Wiener 过程的健康状态预测模型中，由专家提供 WSN 健康状态的最小阈值，以确定最佳的维护时机。通过对原油存储罐 WSN 最优维护时机的实验验证，证明了模型的有效性。

本书以解决复杂环境下 WSN 健康管理为目标，研究基于 BRB 的健康管理的相关理论和方法，得到了国家自然科学基金项目（No. 62203461、No. 62203365）、辽宁省应用基础研究计划（No. 2022JH2/101300270）、辽宁省社会科学规划基金项目（L23BTQ005）、辽宁省教育厅高校基本科研项目（JYTMS20230555）的资助。在全书内容研究与编写过程中，大连外国语大学祁瑞华教授、西北工业大学杨若涵副教授、火箭军工程大学冯志超博士、哈尔滨师范大学硕士生孙国文以及大连外国语大学硕士生袁琳新、王诗雯、孙一宸、平婧宇做了大量工作。

在本书的编写和出版过程中，得到了诸多专家学者的热情帮助，在此一并致以由衷的感谢。

由于时间紧迫，成稿仓促，书中难免出现疏漏甚至错误之处，诚恳地希望各位专家、读者不吝赐教与指正。

编 者

2023 年 9 月

目　　录

第1章 绪 论

1.1 研究背景与意义

当今,复杂系统的运行状态通常是由若干个不同类型的传感器节点监控的,使用这些传感器来捕捉如系统状态的温度、压力、流量、振动、图像甚至视频流等异构状态监控数据。无线传感器网络(wireless sensor network,WSN)是一种分布式无线通信技术,以某种形式将若干个传感器节点进行组合,形成一个自组织和多跳的网络系统,用于监控某个区域或某个系统的状态数据[1]。典型的 WSN 通信体系结构[2]如图 1.1 所示。

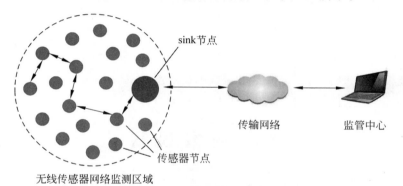

图 1.1 WSN 通信体系结构

WSN 传感器节点是由数据采集模块、数据处理模块、无线通信模块和电源供给模块等模块组成[3],如图 1.2 所示。数据采集模块负责对监测区域内的信息进行采集和转换;数据处理模块负责处理所有节点和定位装置的路由协议和管理任务;无线通信模块负责以无线方式发送和接收采集的数据信息;为减少传感器节点占用面积,电源供给模块通常选择微型电池。

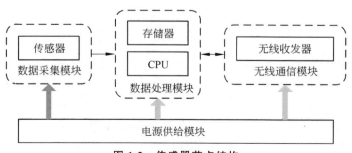

图 1.2 传感器节点结构

WSN 包含多种类型的传感器,如声音、光度、温度、湿度、气压、压力、振幅、电磁、土壤成分、斜率和频率等传感器。WSN 广泛应用于物联网[4]、军事[5]、航天[6]、救灾[7]、医疗[8]、保健[9]和环保[10]等工程领域。

本书的"复杂环境"是指 WSN 工作环境和网络结构的复杂性:WSN 通常被部署在不易靠近的区域或无人值守的复杂工作环境中[11],用来记录数据或者感知某些事件的发生,可能无法及时对故障节点进行维护;WSN 是具有大规模、高维特征,以非确定或非规则的方式连接在一起,特别是带有非线性、时变发展形式,甚至带有不同时间或空间尺度等特征的复杂网络结构[12]。一旦出现了诸如硬件故障、软件故障、能源故障、传输故障或者攻击者入侵节点故障等,将导致 WSN 的有效性降低,甚至产生网络故障和瘫痪。目前 WSN 系统的健康维护仍是以人工定期检查维护为主,这种方式不仅难度大、人力资源高,而且效率和准确率较低,无法满足复杂环境下 WSN 健康评估决策的要求。因此,有必要采取相应措施来提高 WSN 的可靠性和安全性[13-14]。

在实际工程应用中,WSN 的健康状态直接影响系统监测数据的准确度和可信度[15],一旦健康状态出现问题且没有及时维护,轻则会导致网络系统失效,重则会造成人员伤亡和财产损失等严重后果[16]。复杂环境下 WSN 健康管理的目标是构建健康管理模型,利用计算机技术提供自动化工具和方法,为 WSN 在不同的运行和退化条件下设计最优维护策略,以最低成本实现高可用性。

本书将基于置信规则库(belief rule base,BRB),融合监测信息和领域专家知识,对WSN 系统健康状态进行评估,以及给出最优维护决策时机。

1.2　研　究　现　状

1.2.1　复杂系统健康管理研究现状

健康管理是复杂系统智能运维的重要组成部分,旨在预测系统或组件发生故障的可能性和时间点,从而最大限度地减少复杂系统意外的停机时间[17]。系统状态监测和网络通信技术的快速发展,可以收集大量监测数据并将其转换为有意义的信息,从而支持维护决策过程。网络物理系统(cyber physical system,CPS)是物理和软件组件相互交织,可以在不同的时间和空间上运行,展示出多种差异化的行为方式,并且随着环境的变化彼此交互。健康管理技术在实施 CPS 的过程中发挥重要作用,它可以使 CPS 及其组件保持适当的状态。同时,基于 CPS 的健康管理提供了一种有效的解决方案,使机器和生产系统达到最大可用化。

健康管理是采取智能化、自动化和数字化等技术,实现对复杂系统健康状态的采集、评估和预测,以及提供最优维护决策时机等,并且完成健康状态的可视化[18]。健康管理是包括系统健康监测、特征提取、故障隔离、故障诊断、估算剩余使用寿命、预测故障以及维护决策等功能于一体的综合性智能技术[19]。由于系统的高复杂性和不确定性,将健康管理应用于工程实践是具有挑战性的。尤其是中小型企业,由于缺乏内部专业知识、研发资源和时间,在健康管理的应用方面遇到诸多困难。

近年来,国内外众多学者对复杂系统健康管理进行了大量的理论研究和工程实践,包括故障诊断、故障隔离、故障容忍、健康评估、健康预测及维护决策等[20-26]。

(1)故障诊断:要求在嘈杂的测量、高相关度的数据、大量的输出症状和故障之间复杂的相互作用等极端条件下,确定故障的种类、大小、位置和发生时间,换句话说就是确定失控状态的根源。

(2)故障隔离:通过硬件和软件方面的设计,建立隔离系统。当系统出现故障,及时找到问题根源,将操作分为多个区域和组件来完成,对不正常运行的区域和组件进行隔离和单独监控,从而保障系统运行。

(3)故障容忍:提供健壮的系统硬件结构和软件机制,允许系统不仅可以在正常状态时运行,也可以在特定的故障情况下实现特定的目标,即能在特定的故障情况下实现特定的目标。

(4)健康评估:接收来自不同状态监测模块,或者其他健康评估模块的指标数据,评估被监测系统和组件当前的健康状态,从而产生故障诊断记录,并评估故障发生的可能性。健康状态评估等级是基于各种健康状态领域专家知识、历史数据、工作状态以及历史维护数据等建立的一个离散型的健康参数,该参数可以有效地描述获取当前测量值时的系统工作状态。

(5)健康预测:综合利用领域专家知识、历史数据、工作状态以及历史维护数据等,预测被监测系统未来一段时间区间内的健康状态,包括下一段时间的健康状态和剩余寿命等。

(6)维护决策:接收到来自故障诊断、健康评估和健康预测等部分的数据,给出组件更换和系统维护等建议措施,在被监测系统或组件发生故障之前获得最优的维护时机,其准确性直接影响系统的可靠性和安全性。

健康管理最先被用于美国第五代战斗机 F-35 上,达到降低战斗机的维修保养次数和故障频率的目的。时至今日,健康管理在航空航天领域不断革新,代表着健康管理的前沿水平[27-28]。Bai 等利用了自认知动态系统,采用前馈神经网络作为智能单元,与卡尔曼滤波器集成以跟踪电池系统动态,构造电池健康管理系统[29];Lee 等利用 5S 方法,将数据转换为预测信息,针对机械系统和组件的健康管理技术开展深入研究[30-32];Pecht 等使用顺序概率比测试和交叉验证程序来检测异常、评估退化和预测故障,针对传感器系统进行了健康管理研究[33-36]。

在 WSN 系统中,根据系统的历史和当前工作状态数据,建立物理模型和数学模型是比较复杂的。因为自然环境、网络环境、传感器节点的个体差异等诸多因素都会对模型产生影响,所以有效地针对某个或某类系统建立一个合适有效的 WSN 健康管理模型十分具有挑战性。虽然健康管理在 WSN 系统中的应用相对较少,但是可以借鉴其他领域的相关研究成果。当前,以数据驱动方式实现健康管理已经成为研究热点之一[37],获得了国内外众多科研机构的高度重视,而 WSN 系统中有大量的可用于状态监测的测量数据。

本书利用采集到的 WSN 相关监测数据,分析与系统健康性能特征相关的参数,再结合专家经验知识和其他系统信息,通过算法模型对 WSN 系统的运行状态进行健康评估和维护决策[38],进而为 WSN 系统的智能运维提供保障。

1.2.2 无线传感器网络健康管理研究现状

随着信息通信技术的迅猛发展,WSN 已被广泛应用于工程实践中,为系统的维护决策采集关键特征的监测数据。WSN 的可靠性和稳定性将直接影响监测系统健康评估的准确性,因此有必要提升 WSN 的可靠性和稳定性[39-42]。

对 WSN 进行健康管理是提高系统可靠性和稳定性的重要手段之一,监测数据和专家知识被融合后,可以生成 WSN 的健康状态和其他特征[43-46]。Shih(2001)等提出了节能无线传感器网络的物理层驱动协议和算法设计[47];Mani(2008)等提出了一种利用不确定概率数据进行故障诊断的鲁棒性传感器网络[48];乐英高(2016)提出基于极限学习机的 WSN数据融合算法[49];Sabet(2016)等在 WSN 中构建了一种能量高效的多级路由自组织感知聚类算法[50];胡冠宇(2016)利用优化的 DAG-BRB 模型设计了一种网络故障诊断模型[39];贺维(2018)利用 BRB 模型设计 WSN 故障诊断模型[16];Swain(2018)等提出了由聚类、故障检测和故障分类三个阶段组成的 WSN 异构故障诊断协议,用于诊断 WSN 中的异构故障节点[51];Gao(2019)等研究了传感器网络上带乘性噪声时变系统的故障诊断问题[52];石琼(2020)对 WSN 在恶劣环境下的生存技术进行了研究[53];Zhang(2020)等将离散学习策略和阈值限制技术应用于 WSN 故障诊断[54];Sah(2020)等针对 WSN 能量健康评估技术,讨论了最大化传感器节点能量收获的预测和处理能量收集系统的能力[55];Surya(2020)等提出了混合节点故障发现方法,以便在具有许多障碍的无线环境中提供可靠的通信[56];WANG(2020)等提出了一种基于分类的风力发电机传感器故障检测方法[57];Swain(2021)等提出了一种基于神经网络的 WSN 故障诊断算法,用于处理复合故障环境[58];马立玲(2021)等采用卷积神经网络提取若干个传感器之间的关系和特征[59];李英华(2021)等根据方向介数定义了网络负载,创建了受到链路容量和节点容量限制的 WSN 故障检测模型[60];Chen(2021)等提出了一种基于超网格的自适应故障检测方法来识别传感器数据中的三类故障数据[61];Choudhary(2022)等分析了故障诊断和分类过程利用数据中存在的相关性,并处理由于事件随距离衰减时传感器节点位置与事件位置的差异导致的测量变化问题[62];陈俊杰(2022)等针对 WSN 故障检测问题,提出了由输入层、时空处理层和输出层组成的 GCN-GRU 故障检测模型[63]。

1. WSN 健康管理已取得的研究成果

WSN 健康管理已取得的研究成果可以分为三类,即基于定性知识的方法、基于监测数据的方法以及基于半定量信息(专家知识+监测数据)的方法[64-65]。

(1)基于定性知识的方法。通过对系统进行机理分析,通过专家知识建立健康管理模型,主要包括专家系统、Petri 网、故障树等。这些方法不受观测信息的影响,但由于专家知识的不确定性和局限性,模型建模精度低。

(2)基于监测数据的方法。通过分析系统状态的监测信息,结合系统辨识和最优化理论,建立健康管理模型,主要包括贝叶斯网络、神经网络、粒子滤波器、时间序列、深度学习、极限学习机等。这些方法不需要了解系统内部机制,但对系统的监测数据质量要求比较高,当样本数量少或者样本数量不对等时,难以建立精确的管理模型。同时,这种模型属于黑箱建模,模型建模过程不具备可解释性。

（3）基于半定量信息的方法。将定性知识和定量信息相结合的方式建立健康管理模型,主要包括马尔可夫、模糊神经网络等。这些方法能够在样本不完备、知识不准确的情况下构建预测模型,但是模型建模难度高、模型训练困难。

WSN 健康管理具有不确定性、非线性、并发性的特性;系统状态信息包含多数据源的不同类型数据,这些信息会被采用定性或者定量方式进行描述;受到环境变化、电磁干扰因素的影响,WSN 的定性信息和定量信息中带有模糊不确定、概率不确定性问题。因此,基于半定量信息的健康管理方法更适合对 WSN 进行健康建模。

2. WSN 健康管理研究存在的问题

虽然众多学者在 WSN 健康管理研究中取得了一定成绩,但由于工作环境复杂、自然条件恶劣,容易出现诸如硬件、软件、能源、传输或者攻击者入侵节点等故障,导致 WSN 的可靠性降低,若不能及时维护,将产生网络故障,甚至系统瘫痪。WSN 健康管理研究至少存在以下三个问题亟待解决。

（1）采集故障数据较少。对于 WSN 健康管理而言,监测数据的质量是构建模型的基础和保障。但由于现代机械制造业工艺的高可靠性,WSN 在实际工程应用中,传感器发生故障的概率较低,可采集的故障数据较少,导致 WSN 采集的监测数据大多是来自标准样本数据,无法为准确地构建健康评估模型提供足够的故障数据,进而需要额外的信息进行 WSN 健康评估。基于数据的健康评估模型是建立在大量监测数据的基础上进行统计分析的,而小样本故障数据是无法提供足够的信息来建立一个精确的健康评估模型,这是第一个要解决的问题。

（2）专家知识使用难度大。WSN 被用于监测复杂系统的运行状态,传感器安装位置广泛,实际应用中会有多种干扰因素影响 WSN 的健康状态。传感器之间进行数据传递时,会产生相互影响,而专家提供的知识是通过自然语言形式呈现的,自然语言的不确定性和模糊性增加了健康评估人员使用专家知识的难度,所以仅凭专家提供的模糊性和不确定性的自然语言描述是无法建立精确的数据模型的,也很难直接使用的。专家知识的不确定性、不完整性和模糊性增加了使用专家知识的难度,在利用专家知识的同时必须使用其他信息,这是第二个要解决的问题。

（3）工作环境存在多种干扰因素。在工程实践中,WSN 采集的系统信息会受到环境的干扰,监测数据中存在噪声,即监测数据不能准确地反映系统的状态,存在未知的不确定性数据。而且采集到的数据是通过无线方式传递的,对环境的干扰非常敏感。一旦受到环境干扰的影响,监测数据可能会出现丢失的情况,从而增大 WSN 健康管理难度。在实际工作环境中还存在静电感应干扰、电磁感应干扰、漏电流感应干扰、射频干扰、机械干扰、热干扰和化学干扰等多种因素的影响,导致监测数据的波动会比较剧烈,不能简单地通过监测数据来评估健康状态,这是第三个要解决的问题。

综上,针对 WSN 健康管理中存在的问题,本书基于能够有效处理半定量信息的 BRB 模型对 WSN 健康管理进行研究,以减少 WSN 发生故障对其所监督系统的安全性、经济性和可靠性造成的破坏。

1.2.3　置信规则库研究现状

1. 置信规则库

置信规则库(belief rule base,BRB)是由若干条置信规则组成的一种专家系统,它能够适当地处理信息中的各种不确定性因素,进而构建一个合理的从输入到输出的非线性模型。

2006 年,英国曼彻斯特大学 Jianbo Yang 教授等[66]提出基于置信规则的证据推理方法(rule-base inference methodology using the evidential reasoning,RIMER)。BRB 模型在常规 IF-THEN 专家规则库的基础上,将置信度引入评估结果中,并能够根据证据理论的推理算法,综合利用定性知识与定量数据,使它能够描述包含更多类型的不确定数据。RIMER 包含知识的表达和知识的推理:知识的表达是通过 BRB 来描述的;知识的推理是通过 ER(evidential reasoning)算法实现的,能够阐述数据的概率不确定性和模糊不确定性,可以对非线性特征数据进行建模。BRB 模型架构如图 1.3 所示。

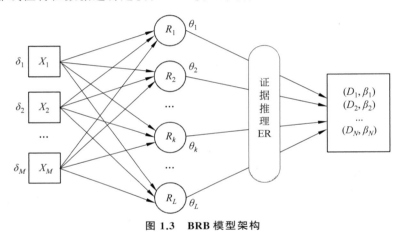

图 1.3　BRB 模型架构

以输油管道泄漏建模问题为例进行说明。

(1)常规规则。

If FlowDiff is Large and PressDrop is Medium

Then LeakSize is VeryLarge

(2)置信规则

If FlowDiff is Large and PressDrop is Medium

Then LeakSize is {(VeryLarge,80%),(Medium,20%)}

BRB 模型是在常规 IF-THEN 规则库、模糊推理、决策理论、D-S 证据理论[67-68](也称为 Dempster/Shafer 证据理论,由 Dempster 于 1968 年首先提出,并由他的学生 Shafer 在 1976 年进一步优化形成的一种不精确推理理论)的基础上发展起来的。

BRB 能够解决复杂系统建模精度不高和监测数据不足的问题,融合定量数据和定性知识,从而解决定性知识存在的不确定性弊端。

传统的贝叶斯模型(Bayesian model)无法利用定性知识,存在描述模糊不确定性。传统的证据理论方法虽然运用了定性知识与定量数据，但仍然存在描述模糊不确定性。传统 If-Then 规则虽然运用了定性知识与定量数据，以及可描述模糊不确定性，但无法描述概率的不确定性。而在 BRB 模型中，置信度相对于贝叶斯概率，被看作一般化的概率，在使用半定量数据的同时，能够很好地描述各种不确定性信息，并且能够解决因为先验知识的欠缺所出现的无知性问题。

BRB 模型是由若干条置信规则和若干个前提属性构成的，其中每条规则和每个前提属性都具有权重值，每个输出的评价等级通过置信度来表示结论的可信程度，以及无知程度。当 BRB 中的规则可覆盖全部的前提属性的所有参考级别时，则称 BRB 模型是完整的。

$$R_k : \text{If } (x_1 \text{ is } A_1) \wedge (x_2 \text{ is } A_2) \wedge \cdots \wedge (x_m \text{ is } A_m)$$

$$\text{Then } \{(D_1, \beta_{1,k}), (D_2, \beta_{2,k}), \cdots, (D_N, \beta_{N,k})\} \left(\sum_{j=1}^{N} \beta_{j,k} \leqslant 1 \right), \quad (1.1)$$

$$\text{With rule weight } \theta_k, \text{ And attribute weight } \delta_1, \cdots, \delta_M$$

式中，$R_k(k=1,\cdots,N)$ 是 BRB 模型中的第 k 条规则，N 表示规则数量；$x_i(i=1,\cdots,m)$ 是 m 个输入样本中的第 i 个前提属性的值；$A_i(i=1,\cdots,m)$ 是在第 k 条规则中 m 个前提属性中第 i 个前提属性的参考值；$\wedge$ 表示逻辑与运算；$D_j(j=1,\cdots,N)$ 是评估结果的第 j 个评价等级；$\beta_{j,k}(j=1,\cdots,N)$ 是在第 k 条规则中第 j 个评价等级的置信度；$\sum_{j=1}^{N} \beta_{j,k} \leqslant 1$ 表示评估结果中可能存在无知概率；θ_k 表示第 k 条规则的规则权重；$\delta_i(i=1,\cdots,m)$ 表示第 i 个前提属性的权重值。

BRB 模型的相关研究成果已经在传感器网络、发动机故障、风险评估、安全评估、惯导系统、传感器故障、治理成本、网络安全、社交媒体、突发事件评估、股价预测和碳排放等领域得到了较好的工程应用。其中，Espinilla(2017)等提出基于扩展信念规则的推理方法（RIMER＋）的适应性，使得在传感器发生故障的情况下，仍能保持结果的准确性[69]；贺维(2018)针对 WSN 的节点故障诊断问题，通过节点特征分析，提出分层 BRB 的 WSN 故障诊断方法[16]；鱼蒙(2019)等为保证 BRB 模型能在输入信息缺失的条件下执行，分析特征属性分布情况，利用分层抽样得到候选值，最后利用证据推理算法进行融合[70]；Yang(2019)等基于随机子空间置信规则库，对研发项目风险进行评估[71]；傅仰耿(2019)等通过最小化系统复杂性和均方根误差来计算近似 Pareto 最优值，构建了混合进化策略的 M-PAES-BRB[72]；Chang(2020)等提出了一种新的六步析取 BRB 扩展方法来处理缺失信息问题[73]；Feng(2020)等为了确保建模的透明性和可追溯性，提出基于 BRB 的安全评估模型[74]；董昕昊(2021)等针对 INS 系统健康评估存在的指标多、样本缺失和复杂机理等问题，基于 HBRB 给出 INS 系统评估策略[75]；Yang(2021)等提出扩展置信规则库模型来实现传感器故障识别[76]；叶菲菲(2021)等将不同联合学习方法的 EBRB 模型用于环境治理成本预测[77]；Gao(2021)等利用选择和约简策略执行 BRB 学习过程，实现从候选规则中搜索和选择最优规则，并去除噪声和冗余规则[78]；刘永裕(2022)等提出通过不完整数据集生成不完整置信规则，并通过衰减因子修正，对不完整规则进行信息融合[79]；Zhou(2022)等提出了一种基于证据推理规则并考虑扰动的隐藏行为预测模型，该模型是一种半定量信息的方法,可以处理多个隐藏行为[80];Kabir(2022)等提出了将 CNN 与基于 BRB 的专家系统集成的数学模型[81];Li(2022)等提出了一种新的集成 BRB,用于海上突发事件的场景演化分析[82];Chang(2022)等提出了将云模型与 BRB 相结合,解决 BRB 模型的可解释性问题[83];You(2022)等提出了一个具有高精度可解释性权重的优化 BRB 框架[84];Hossain(2022)等提出了一种新的机器学习技术,使用 BRBES 进行技术分析,并结合布林带的概念来预测未来五天的股价[85];Ye(2022)等提出了一种新的基于扩展置信规则库推理模型的数据驱动的碳排放预测决策模型[86];CHEN(2022)等提出了一种基于有向无环图(DAG)结构的组合置信规则库(C-BRB)模型[87]。

BRB 模型的研究成果存在组合爆炸、属性可靠度下降、属性数据冗余和隐含行为数据等问题,可以通过分层 BRB、考虑属性可靠度的 BRB、考虑属性关系的 BRB、隐含 BRB 和析取 BRB[88]等方式解决。

(1) 分层 BRB(hierarchical BRB)。在多属性决策问题中,直接使用所有相关属性构造 BRB 是不可行的,大量的规则将产生组合爆炸问题。因此,可以使用自底向上结构的分层 BRB 来解决这样的问题。图 1.4 给出了简单的分层 BRB 模型,分层 BRB 中 A、B、C、D、E、F、G、H 表示复杂系统的若干个前提属性。较低级别的前提属性的输出被融合以生成作为较高级别 BRB 的输入,信息是从底层的前提属性传播到顶层评估。各个子规则库中的前提属性彼此独立,与此同时相同级别的子规则也相互独立。所有子规则库构成一个复合 BRB 规则库。分层 BRB 为解决具有四个及以上前提属性的复杂系统提供了一种有效方案,能够较好地避免 BRB 模型的组合爆炸问题。

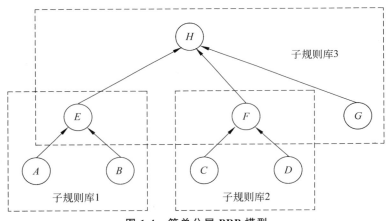

图 1.4　简单分层 BRB 模型

(2) 考虑属性可靠度的 BRB(BRB with attribute reliability,BRB-r)。在实际工程环境中,监测信息可能会受到许多因素的影响,如环境中的噪声和各种干扰因素等。受此影响,监测信息可能是不可靠的,甚至可能存在一些错误信息。为了量化不可靠监测信息的影响,在 BRB-r 模型中考虑了前提属性可靠度权重。属性可靠度表示其反映目标系统真实信息的能力,同时取决于实际输入数据和专家经验,反映了环境和系统内部干扰因素的影响程度。

(3) 考虑属性关系的 BRB(BRB with considering attributes' correlation,BRB-c)。系

统的机理信息是由所有前提属性共同表示的,因此,若干个前提属性之间可能具有一些重叠信息会影响建模精度。前提属性和系统机理有着直接的联系。为了解决前提属性之间存在的相关性问题,建立一种考虑前提属性相关性的 BRB-c 模型,其中相关属性通过解耦矩阵进行处理。BRB-c 模型是由解耦矩阵、BRB 模型以及优化模型三部分组成,比传统的 BRB 模型具有更高的精确度。

(4) 隐含 BRB(hidden BRB,HBRB)。在复杂系统中,部分行为特征是无法直接监测到的,称为隐含行为,建立隐含行为的预测模型是比较困难的。为了预测这些隐含行为,需要相应的可监测指标。然而,BRB 模型往往忽略了其他必要因素,如综合利用定性知识和定量数据,以及有效表达各种类型的不确定性。HBRB 建立了当前时间和未来时间的隐含行为之间的关系。尽管 HBRB 考虑了各种类型的不确定性,包括随机不确定性、模糊不确定性和无知不确定性,但其存在忽略了局部无知的问题。

(5) 析取 BRB(disjunctive BRB,DBRB)。传统 BRB 在前提属性和参考值数量过多时,存在组合爆炸问题。要解决这一挑战,可以构造一个析取 DBRB,其中最小 DBRB 模型由参考值的数量决定。DBRB 的前提属性之间是逻辑"或"关系,即系统中的每个前提属性都对评估结果起主导作用。与传统 BRB 的前提属性之间是逻辑"与"的关系不同,DBRB 只要有一个前提属性被激活,析取规则便成立。

2. 证据推理

置信规则库只负责知识的描述和表达,而知识的推理则是通过推理机实现的。证据推理(evidential reasoning,ER)模型被作为 BRB 模型的推理工具。为解决 Dempster 组合规则存在的"反直觉"和组合爆炸问题,ER 算法在贝叶斯的联合概率推理的基础上应运而生。ER 模型融合了被不同类型信息所激活的置信规则,计算出评估结果的置信度。

证据推理主要围绕信任函数和置信分布两大分支进行研究,如图 1.5 所示。

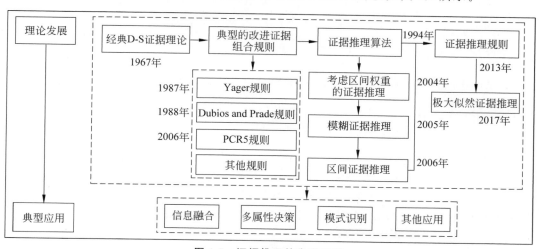

图 1.5 证据推理的发展历程

ER 模型有以下两种推导方式。

(1) ER 解析模型:Wang 和 Yang 利用解析表达式,得到结论的置信度,适用于 BRB

模型的优化过程[89]。

(2) ER 迭代模型：Yang 和 Xu 将置信度转换成基本概率质量,再采用 Dempster 准则对规则进行组合,计算出结论的基本概率设置,转换成置信度,该置信度等同于一般化的概率[90]。

虽然两个模型的推导结果是相同的,却适用于解决不同的问题场景。ER 解析模型适合于 BRB 模型的参数优化和训练;ER 迭代模型适合于不需要训练的 BRB 推理,通过 BRB 和 ER 直接得出结论。

ER 模型与传统的 D-S 证据推理方法相比,计算过程是线性的,计算复杂度较小,可以处理带有冲突的证据,以及包含各种不确定性及未知性的信息。

证据推理能够描述带有不确定性的输入信息,并实现证据的定量表达,即

$$输入信息\ x_i \rightarrow 置信分布$$

置信分布可以描述为

$$S(x_i) = \{(H_n, \beta_{n,i}), n = 1, \cdots, N, i = 1, \cdots, L\} \tag{1.2}$$

式中,$S(x_i)$ 是输入信息为 x_i 时的置信分布;x_i 是第 i 个输入信息,可以是定量信息、定性信息或符号信息等;H_n 是第 n 个评估等级;$\beta_{n,i}$ 是第 i 个输入信息相对于第 n 个评估等级的置信度;N 是评估等级的数量;L 是输入信息的数量。

如果评估方案是由 L 条独立证据 $e_i(i=1,\cdots,L)$ 构成的,辨识框架 $\Theta = \{\theta_1, \cdots, \theta_N\}$ 是由 N 个评估等级 $\theta_n(n=1,\cdots,N)$ 构成的,则第 i 条证据的置信分布描述为

$$e_i = \{(\theta_n, \beta_{n,i}), n = 1, \cdots, N; (\Theta, \beta_{\Theta,i})\} \tag{1.3}$$

式中,e_i 表示第 i 条证据的置信分布;θ_n 表示第 n 个评估等级;$\beta_{n,i}$ 表示第 i 条证据的第 n 个评估等级的置信度;N 表示评估等级的数量;$\beta_{\Theta,i}$ 表示全局无知的置信度。

式(1.3)需满足：

$$0 \leqslant \beta_{n,i} \leqslant 1, \quad \sum_{n=1}^{N} \beta_{n,i} \leqslant 1 \tag{1.4}$$

任意 $\beta_{n,i} > 0$ 时,$(\theta_n, \beta_{n,i})$ 称为证据 e_i 的一个焦元。

如果证据的权重表示为 $\omega_i(i=1,\cdots,L)$,符合 $0 \leqslant \omega_i \leqslant 1$, $\sum_{i=1}^{L} \omega_i = 1$ 约束条件,则可以使用如下公式表示证据 e_i 的基本概率质量。

$$m_{n,i} = \omega_i \beta_{n,i} \tag{1.5}$$

$$m_{\Theta,i} = \omega_i \beta_{\Theta,i} \tag{1.6}$$

$$m_{p(\Theta),i} = 1 - \omega_i, \quad n \in [1, \cdots, N] \tag{1.7}$$

式中,$m_{n,i}$ 表示第 i 个证据的第 n 个等级的基本概率质量;$m_{\Theta,i}$ 表示全局无知的基本概率质量,表示单证据不完整性;$\beta_{\Theta,i}$ 表示第 i 个证据的全局无知的置信度;$m_{p(\Theta),i}$ 表示除证据 e_i 外,其余证据对评估等级的基本概率质量。

近年来,众多学者对 ER 证据推理模型进行了深入研究。AbuDahab(2016)等用证据推理规则代替证据推理方法进行证据组合[91];孙伟(2020)等融合证据推理和视觉里程计匹配置信度,提高惯性/视觉里程计组合导航精度[92];Sachan(2020)等通过分层置信规则库和证据推理实现贷款承销过程的自动化方法[93];Chen(2021)等基于系统的结构和工作

原理,提出一种基于不确定参数的证据推理方法,用于构建非线性评估模型[94];周志杰 (2021)等综述了国内外 ER 模型发展相关文献,对 ER 给出了评述和展望[95];李红宇 (2021)等运用 CNN 超参数质量评估模型和奖罚策略实现指标权重的动态适应,提出改进 的 ERR[96]。

3. 置信规则库优化

由专家根据系统机理分析和专业经验构建了初始 BRB WSN 健康管理模型,并给出前 提特征属性的参考点和参考值、置信规则的输出置信等级和效用值、特征权重值以及规则 权重值等。但是,由于专家知识的模糊性和不确定性,初始参数是粗略的和不精确的,在实 际工作环境中初始的健康管理模型无法准确地评估 WSN 健康状态,无法满足系统的评估 精度要求,所以需要利用采集到的监测数据来训练和优化初始健康评估模型的参数。此 外,鉴于 BRB 模型最大的优点是其可解释性和可追溯性,所以需要在优化建模过程中设置 必要的约束条件。

BRB 模型的参数优化属于带有约束条件的优化问题,选择合适的约束优化算法是本 研究关注的重点因素之一。经典的牛顿法、单纯形法等优化算法在解决高维多极值优化问 题时,需要花费巨大的计算资源,并且容易出现局部最优解问题[39],因此无法满足 BRB 模 型的优化需求。近年来,由于智能优化算法具有良好的优化性能,已经被应用于各类优化 问题中。

众多学者在 BRB 模型的优化研究中取得了出色成果。其中,Yang(2007)等使用 FMINCON 函数对初始的 BRB 进行参数训练,在缺少专家知识的状态下训练 BRB 参 数[97];Chen(2011)等将文献[97]提出的局部训练模型,优化为全局训练模型[98];Zhou (2009,2011)等针对离线训练方法存在训练过程耗时大的问题,提出基于期望极大估计的 在线参数学习方法[99-100];Zhou(2013)等提出了利用克隆选择算法进行 BRB 参数训练[101]; Savan 等提出了利用 Evolutionary Algorithms 对 BRB 参数进行训练[102];吴伟昆(2014)等 引入梯度下降法和加速求法用于置信规则库的参数优化[103];苏群(2014)等利用 PSO 粒子 群优化算法,保持种群粒子的多样性,完成 BRB 参数优化[104];Chang(2015)等为解决组合 爆炸问题,限制属性的参考值数量,并采用差分进化算法进行 BRB 参数优化[105];Zhou (2019)等将 PSO 和 DE 相融合,利用算子推荐策略优化 BRB 参数[106];Zhu(2019)等利用 蚁群优化算法对 DBRB 模型进行参数优化[107];Zhang(2020)等通过先验知识确定标准规 则的数量和参数,并使用云模型转换定性知识和定量信息,自动生成剩余规则[108];杨紫晴 (2021)等提出在 CMADE 框架下,通过周期性解交替方式实现 DE 和 CMA-ES 模型之间 的互动和反馈[109];Hashemi(2022)等通过优化 SC-BRB 显著减少由残余漂移和变形引起 的危险[110]。

现有 BRB 模型的优化方法可以分为三类,即参数优化、结构优化和混合优化。

(1) 参数优化。专家凭经验给出的模型初始化参数是主观的和不准确的,通过优化规 则和属性的权重值,以及输出结果的置信度等参数,达到提高模型精度的目的。

(2) 结构优化。无关和冗余前提特征属性将增加 BRB 的复杂性并降低其准确性,通过 识别关键属性可以有效减少 BRB 中的规则数量,以达到降低模型复杂性的目的。

(3) 混合优化。低建模复杂度需要较少的参数和规则,而高建模精度则需要更多参数和规则。显然,这两个目标是相互冲突的。为了解决该冲突,混合优化同时考虑结构优化和参数优化。

本书基于融合定量信息和专家知识的 BRB 模型应用于复杂环境下无线传感器网络健康管理研究,并进行初始 BRB 模型的优化处理,提高 WSN 的可靠性和安全性。

1.3 研究问题的提出与结构安排

当 WSN 被应用于复杂环境下时,存在缺乏故障数据、监测数据丢失、监测数据可靠性下降、运行环境和复杂的系统机理等多方面因素的干扰等问题,影响健康管理的可靠性和准确性,本书针对上述问题开展了复杂环境下 WSN 健康管理研究。

1. 数据丢失状态下 WSN 健康评估

当 WSN 用于工程实践时,众多干扰因素会影响数据的传输,丢失部分时间点的监测数据是不可避免的。另外,受到实际工作环境中的静电感应干扰、电磁感应干扰、漏电流感应干扰、射频干扰、机械干扰、热干扰和化学干扰等多种因素的影响,监测数据的波动会比较剧烈,不能简单地通过参考数据的平均值来计算,不完整的监测数据会降低健康评估的准确性。

因此,本书提出基于“双”BRB 的 WSN 健康评估模型。针对监测数据存在数据丢失等问题,利用监测指标的历史数据,建立基于 BRB 的丢失数据补偿模型;再根据补偿数据和监测数据,建立基于 BRB 的健康评估模型并对其健康状态进行评估。

2. 数据不可靠状态下 WSN 健康评估

在融合监测数据和专家知识的过程中,由于专家知识存在的模糊性、不确定性和不完整性,以及监测数据的不可靠性,增加了健康状态评估的难度。当健康评估模型中包含了具有不确定性的专家知识和不可靠的监测数据时,会影响健康评估的精度。

因此,本书提出基于 BRB-r(BRB with attribute reliability)的 WSN 健康评估模型。针对系统状态发生变化时,采集到的监测数据也会随之变化,监测数据的可靠度下降等问题,利用属性可靠度机理处理不可靠的监测信息,使用平均距离法计算监测数据的可靠度,建立基于 BRB-r 的健康评估模型对其健康状态进行评估。

3. 考虑属性质量因子的 WSN 故障诊断

无线传感器网络在复杂和恶劣的环境中运行,因此,节点故障是不可避免的。因此,WSN 节点的故障诊断是非常重要的。受 WSN 复杂的工作环境和无线数据传输的影响,WSN 收集的数据中含有噪声数据,导致故障诊断过程中提取的数据特征存在不可靠的数据。为了减少不可靠的数据特征对故障诊断准确性的影响,本书提出了一种带有自适应质量因子的置信规则库(BRB-SAQF)故障诊断模型。第一,提取了 WSN 节点故障诊断所需的数据特征。第二,引入并计算了输入属性的质量因子。第三,设计了带有属性质量因子的模型推理过程。第四,使用投影协方差矩阵适应进化策略(P-CMA-ES)算法来优化模型的初始参数。第五,通过比较 WSN 节点常用的故障诊断方法和考虑静态属性可靠性的

BRB 方法(BRB-SR),验证了所提模型的有效性。实验结果表明,BRB-SAQF 可以减少不可靠的数据特征的影响。自适应质量因子计算方法比静态属性可靠性方法更加合理和准确。

4. 基于幂集置信规则库的 WSN 节点故障诊断

无线传感器网络由于恶劣的工作环境和超长的工作时间,不可避免地发生节点故障。为确保其可靠性,且可以准确地采集数据,WSN 节点的故障诊断是非常必要的。传感器节点的故障诊断需要从原始采集的数据中提取特征数据。然而,不同类型故障的特征数据具有相似性,因而难以区分故障类型,这些无法区分的故障类型被称为模糊信息。本书提出了一种基于幂集置信规则库(belief rule base with power set,PBRB)的故障诊断方法,使用幂集识别框架来表示模糊信息,使用证据推理(evidential reasoning,ER)作为推理过程,使用投影协方差矩阵自适应进化策略(projection covariance matrix adaptive evolution strategy,P-CMA-ES)进行参数优化。实验验证结果表明,与其他故障诊断方法相比,PBRB 方法具有更高的准确性和更好的稳定性,不仅可以识别难以区分的故障类型,还具有小样本训练优势,模型获得了较高的故障诊断精度和稳定性。

5. 复杂环境下 WSN 健康维护决策

受到干扰因素的影响,监测的数据量较少,而传感器制造工艺的高可靠性和低失效率,导致 WSN 的故障数据量较少,无法提供足够的信息来构建准确的健康评估模型。WSN 中传感器的监测信息具有强非线性和强耦合性,领域专家无法为 WSN 的最优维护决策提供准确的决策信息。此外,专家提供的知识是通过自然语言形式呈现的,自然语言的不确定性和模糊性增加了健康评估人员使用专家知识的难度。

因此,本书针对 WSN 工作环境的复杂性、网络结构的复杂性和系统机理的复杂性,提出基于 BRB 和 Wiener 过程的 WSN 最优维护决策模型。最优维护决策模型由健康评估和健康预测两部分组成:基于 BRB 模型对 WSN 健康状态进行评估;根据当前的健康评估状态,利用 Wiener 过程预测 WSN 健康状态,以获得最优的维护时机。

1.4 本章小结

WSN 是由分布在不同空间上的自动装置组成的一种无线计算机网络,其包含的传感器节点通常被部署在不易靠近的区域或无人值守的环境中,无法及时对故障节点进行维护,因此有必要采取相应措施来提高 WSN 的可靠性和安全性。本章详细介绍了复杂系统健康管理、WSN 健康管理和置信规则库的研究现状,并列出了全书的五个主要工作,分别是数据丢失状态下 WSN 健康评估,数据不可靠状态下 WSN 健康评估,考虑属性质量因子的 WSN 故障诊断,基于幂集置信规则库的 WSN 节点故障诊断,以及复杂环境下 WSN 健康维护决策。

1.5 参考文献

[1] 钱志鸿,王义君. 面向物联网的无线传感器网络综述[J]. 电子与信息学报,2013,35(1):215-227.

[2] 马祖长,孙怡宁,梅涛. 无线传感器网络综述[J]. 通信学报,2004(4):114-124.

[3] Kandris D,Nakas C,Vomvas D,et al. Applications of wireless sensor networks:an up-to-date survey [J]. Applied System Innovation,2020,3(1):14.

[4] Thangaramya K,Kulothungan K,Logambigai R,et al. Energy aware cluster and neuro-fuzzy based routing algorithm for wireless sensor networks in IoT[J]. Computer Networks,2019(151):211-223.

[5] Suhag D,Gaur S S,Mohapatra A K. A proposed scheme to achieve node authentication in military applications of wireless sensor network[J]. Journal of Statistics and Management Systems,2019,22 (2):347-362.

[6] Leccese F,Leccisi M,Cagnetti M. Cluster layout for an optical wireless sensor network for aerospace applications 〔C〕. 2019 IEEE 5th International Workshop on Metrology for AeroSpace (MetroAeroSpace),2019:556-561.

[7] Kamel K,Smys S. Sustainable low power sensor networks for disaster management[J]. IRO Journal on Sustainable Wireless Systems, 2019(4):247-255.

[8] Wu F,Li X,Sangaiah A K,et al. A lightweight and robust two-factor authentication scheme for personalized healthcare systems using wireless medical sensor networks[J]. Future Generation Computer Systems,2018(82):727-737.

[9] Kadiravan G,Sujatha P,Asvany T,et al. Metaheuristic clustering protocol for healthcare data collection in mobile wireless multimedia sensor networks[J]. Computers,Materials & Continua,2021,66(3): 3215-3231.

[10] Peckens C,Porter C,Rink T. Wireless sensor networks for long-term monitoring of urban noise[J]. Sensors,2018,18(9):3161.

[11] 楚好. 面向复杂环境的无线传感器网络定位及覆盖空洞修复算法研究[D]. 沈阳:东北大学,2017.

[12] 陈关荣. 复杂动态网络环境下控制理论遇到的问题与挑战[J]. 自动化学报,2013,39(4):312-321.

[13] X. J. Yin,Z. L. Wang,B. C. Zhang,et al. A double layer BRB model for dynamic health prognostics in complex electromechanical system[J]. IEEE Access,2017(5):23833-23847.

[14] Z. Feng,Z. Zhou,C. Hu,et al. Fault diagnosis based on belief rule base with considering attribute correlation[J]. IEEE Access,2018(6):2055-2067.

[15] X. Jin,T. W. S. Chow,Y. Sun,et al. Kuiper test and autoregressive model-based approach for wireless sensor network fault diagnosis[J]. Wireless Networks,2015,3(21):829-839.

[16] 贺维. 无线传感器网络可靠性评估方法研究[D]. 哈尔滨:哈尔滨理工大学,2018.

[17] Calabrese F,Regattieri A,Botti L,et al. Prognostic health management of production systems. new proposed approach and experimental evidences[J]. Procedia Manufacturing,2019(39):260-269.

[18] 徐鹏. 气体传感器系统健康管理技术研究[D]. 哈尔滨:哈尔滨工业大学,2020.

[19] Insun,Shin,Junmin. A framework for prognostics and health management applications toward smart manufacturing systems 〔J〕. International Journal Precision Engineering Manufacturing Green Technology,2018(5):535-554.

[20] Huixing Meng,Yan-Fu Li. A review on prognostics and health management (PHM) methods of

lithium-ion batteries[J]. Renewable and Sustainable Energy Reviews,2019(116):109405.

[21] Roberto Rocchetta,Qi Gao,Dimitrios Mavroeidis,et al. A robust model selection framework for fault detection and system health monitoring with limited failure examples:heterogeneous data fusion and formal sensitivity bounds[J]. Engineering Applications of Artificial Intelligence,2022(114):105140.

[22] Seho Son,Ki-Yong Oh. Integratedframework for estimating remaining useful lifetime through a deep neural network[J]. Applied Soft Computing,2022(122):108879.

[23] 胡昌华,冯志超,周志杰,等.考虑环境干扰的液体运载火箭结构安全性评估方法[J].中国科学:信息科学,2020,50(10):1559-1573.

[24] A G N,A J J,B B D Y,et al. Autonomous health management for PMSM rail vehicles through demagnetization monitoring and prognosis control[J]. ISA Transactions,2018(72):245-255.

[25] Ezhilarasu C M,Skaf Z,Jennions I K. The application of reasoning to aerospace integrated vehicle health management (IVHM):challenges and opportunities[J]. Progress in Aerospace Sciences,2019 (105):60-73.

[26] Michele Compare,Luca Bellani,Enrico Zio. Optimal allocation of prognostics and health management capabilities to improve the reliability of a power transmission network[J]. Reliability Engineering & System Safety,2019(184):164-180.

[27] Shoshanna R C,Adrian R,J. Stecki C,et al. Extending advanced failure effects analysis to support Prognostics and Health Management[C]. 2010 Prognostics and Health Management Conference,2010 (10):1-5.

[28] Ahmad Kamal M. Nor,Srinivasa R. Pedapati,Masdi Muhammad. Reliability engineering applications in electronic,software,nuclear and aerospace industries:a 20 year review (2000—2020)[J]. Ain Shams Engineering Journal,2021,12(3):3009-3019.

[29] Bai G,Wang P,Hu C. A self-cognizant dynamic system approach for prognostics and health management[J]. Journal of Power Sources,2015(278):163-174.

[30] Lee J,Wu F,Zhao W,et al. Prognostics and health management design for rotary machinery systems—reviews,methodology and applications[J]. Mechanical Systems & Signal Processing,2014, 42(1-2):314-334.

[31] Lee J,Deng Lin C,Tsan C H,et al. Product life cycle knowledge management using embedded Infotronics:methodology,tools and case studies[J]. International Journal of Knowledge Engineering & Data Mining,2010,20(1):20-36.

[32] Liao L,Lee J. A novel method for machine performance degradation assessment based on fixed cycle features test[J]. Journal of Sound & Vibration,2009,326(3-5):894-908.

[33] Cheng S,Tom K,Thomas L,et al. A wireless sensor system for prognostics and health management [J]. IEEE Sensors Journal,2010,10(4):856-862.

[34] Cheng S,Azarian M H,Pecht M G. Sensor systems for prognostics and health management[J]. Sensors,2010,10(6):5774-5797.

[35] Pecht M G,Jaai R. A prognostics and health management roadmap for information and electronics-rich systems[J]. Microelectronics Reliability,2010,50(3):317-323.

[36] Pecht M G. Prognostics and health management of electronics[M]. Hoboken:John Wiley & Sons, Inc.,2008:1-355.

[37] 彭宇,刘大同.数据驱动故障预测和健康管理综述[J].仪器仪表学报,2014,35(3):481-495.

[38] Vachtsevanos G,Lewis F,Roemer M. et al. Intelligent fault diagnosis and prognosis for engineering

systems[M]. Hoboken：John Wiley & Sons,Inc. ,2006：1-454.

[39] 胡冠宇. 基于置信规则库的网络安全态势感知技术研究[D]. 哈尔滨：哈尔滨理工大学,2016.

[40] A. Depari, P. Ferrari, A. Flammini, et al. Development and evaluation of a WSN for real-time structural health monitoring and testing[J]. Procedia Engineering,2014(87)：680-683.

[41] Q. Li. Wireless sensor network fault diagnosis method of optimization research and simulation[J]. Applied Mechanics & Materials,2013(347-350)：955-959.

[42] S. Narasimhan,R. Rengaswamy. Quantification of performance of sensor networks for fault diagnosis [J]. Aiche Journal,2010,53(4)：902-917.

[43] Z. J. Zhou,L. L. Chang,C. H. Hu, et al. A new BRB-ER-based model for assessing the lives of products using both failure data and expert knowledge[J]. IEEE Transactions on Systems,Man and Cybernetics：Systems,2016,46(11)：1529-1543.

[44] Z. J. Zhou,C. H. Hu,D. L. Xu, et al. Bayesian reasoning approach based recursive algorithm for online updating belief rule based expert system of pipeline leak detection[J]. Expert Systems with Applications,2011(38)：3937-3943.

[45] Guo-Wen Sun,Wei He,Hai-Long Zhu, et al. A wireless sensor network node fault diagnosis model based on belief rule base with power set[J]. Heliyon,2022,8(11)：e10879.

[46] D. L. Xu,J. Liu,J. B. Yang, et al. Inference and learning methodology of belief-rule-based expert system for pipeline leak detection[J]. Expert Systems with Applications,2007(32)：103-113.

[47] E. Shih,S. Cho,N. Ickes, et al. Physical layer driven protocol and algorithm design for energy-efficient wireless sensor networks[C]. Proc. of ACM MobiCom'01,2001：272-286.

[48] Bhushan M,Narasimhan S,Rengaswamy R. Robust sensor network design for fault diagnosis[J]. Computers & Chemical Engineering,2008,32(2)：1067-1084.

[49] 乐英高. 基于智能优化算法的移动无线传感器网络可靠性研究[D]. 南京：东南大学,2016.

[50] Sabet M,Naji H. An energy efficient multi-level route-aware clustering algorithm for wireless sensor networks：a self-organized approach[J]. Computers and Electrical Engineering,2016(56)：399-417.

[51] Rakesh Ranjan Swain,Pabitra Mohan Khilar,Sourav Kumar Bhoi. Heterogeneous fault diagnosis for wireless sensor networks[J]. Ad Hoc Networks,2018(69)：15-37.

[52] Ming Gao,Sen Yang,Li Sheng, et al. Fault diagnosis for time-varying systems with multiplicative noises over sensor networks subject to round-robin protocol[J]. Neurocomputing,2019(346)：65-72.

[53] 石琼. 无人值守无线传感器网络系统可生存性关键技术研究[D]. 太原：中北大学,2020.

[54] Jianyu Zhang,Kai Huang. Fault diagnosis of coal-mine-gas charging sensor networks using iterative learning-control algorithm[J]. Physical Communication,2020(43)：101175.

[55] Dipak K. Sah,Tarachand Amgoth. Renewable energy harvesting schemes in wireless sensor networks：a survey[J]. Information Fusion,2020(63)：223-247.

[56] Surya S,Ravi R. Concoction node fault discovery (CNFD) on wireless sensor network using the neighborhood density estimation in SHM[J]. Wireless Personal Communications, 2020 (113)：2723-2746.

[57] WANG H,WANG H,JIANG G, et al. A multiscale spatiotemporal convolutional deep belief network for sensor fault detection of wind turbine[J]. Sensors,2020,20(12)：3580.

[58] Sahoo M N. Design and evaluation of online fault diagnosis protocols for wireless sensor networks [D]. Odisha：NIT Rourkela,2021.

[59] 马立玲,郭建,汪首坤,等. 基于改进 CNN-GRU 网络的多源传感器故障诊断方法[J].北京理工大学

学报,2021,41(12):1245-1252.

[60] 李英华,梁妍. 基于节点和链路容量的无线传感器网络级联故障研究[J]. 传感技术学报,2021,34
(10):1385-1394.

[61] Lingqiang Chen,Guanghui Li,Guangyan Huang. A hypergrid based adaptive learning method for detecting data faults in wireless sensor networks[J]. Information Sciences,2021(553):49-65.

[62] Choudhary,A.,Kumar,S.,Sharma,K.P. RFDCS:a reactive fault detection and classification scheme for clustered wsns[J]. Peer-to-Peer Networking and Applications,2022(15):1705-1732.

[63] 陈俊杰,邓洪高,马谋,等. GCN-GRU:一种无线传感器网络故障检测模型[J]. 西安电子科技大学学报,2022,49(5):60-67.

[64] M. Ma,C. Sun,X. Chen,et al. A deep coupled network for health state assessment of cutting tools based on fusion of multisensory signals[J]. IEEE Transactions on Industrial Informatics,2019,15(12):6415-6424.

[65] N. Moller,S. O. Hansson. Principles of engineering safety:risk and uncertainty reduction[J]. Reliability Engineering and System Safety,2008,93(6):798-805.

[66] Jian-Bo Yang,Jun Liu,Jin Wang,et al. Belief rule-base inference methodology using the evidential reasoning approach-RIMER[J]. IEEE Transactions on Systems,Man,and Cybernetics—Part A:Systems and Humans,2006,36(2):266-285.

[67] A. P. Dempster. A generalization of Bayesian inference[J]. J. R. Stat. Soc. Ser. B,1968,30(2):205-247.

[68] G. Shafer. A mathematical theory of evidence[M]. Princeton:Princeton University. Press,1976.

[69] Macarena Espinilla,Javier Medina,Alberto Calzada,et al. Optimizing the configuration of an heterogeneous architecture of sensors for activity recognition,using the extended belief rule-based inference methodology[J]. Microprocessors and Microsystems,2017(52):381-390.

[70] 鱼蒙,黄健,孔江涛. 输入信息不完整的置信规则库推理方法[J]. 哈尔滨工业大学学报,2019,51(4):51-59.

[71] Ying Yang,Jun Wang,Gang Wang,et al. Research and development project risk assessment using a belief rule-based system with random subspaces[J]. Knowledge-Based Systems,2019(178):51-60.

[72] 傅仰耿,刘莞玲,吴伟昆,等. 基于混合 PAES 的置信规则库推理算法[J]. 电子科技大学学报,2019,48(2):239-246.

[73] Lei-lei Chang,Jiang Jiang,Jian-bin Sun,et al. Disjunctive belief rule base spreading for threat level assessment with heterogeneous,insufficient,and missing information[J]. Information Sciences,2019(476):106-131.

[74] Zhichao Feng,Zhijie Zhou,Changhua Hu,et al. A safety assessment model based on belief rule base with new optimization method[J]. Reliability Engineering & System Safety,2020(203):107055.

[75] 董昕昊,周志杰,胡昌华,等. 基于分层置信规则库的惯导系统性能评估方法[J]. 航空学报,2021,42(7):441-451.

[76] Long-Hao Yang,Jun Liu,Ying-Ming Wang,et al. Online updating extended belief rule-based system for sensor-based activity recognition[J]. Expert Systems with Applications,2021(186):115737.

[77] 叶菲菲,杨隆浩,王应明. 基于不同联合学习方法的扩展置信规则库环境治理成本预测[J]. 系统科学与数学,2021,41(3):705-729.

[78] Fei Gao,An Zhang,Wenhao Bi,et al. A greedy belief rule base generation and learning method for classification problem[J]. Applied Soft Computing,2021(98):106856.

[79] 刘永裕,巩晓婷,方炜杰,等.数据缺失的扩展置信规则库推理方法[J].计算机研究与发展,2022,59(3):661-673.

[80] Zhi-Jie Zhou,Shuai-Wen Tang,Chang-Hua Hu,et al. A new hidden behavior prediction model of complex systems under perturbations[J]. Knowledge-Based Systems,2022(250):109160.

[81] Sami Kabir,Raihan UI Islam,Mohammad Shahadat Hossain,et al. An integrated approach of belief rule base and convolutional neural network to monitor air quality in Shanghai[J].Expert Systems with Applications,2022(206):117905.

[82] Baode Li,Jing Lu,Jing Li,et al. Scenario evolutionary analysis for maritime emergencies using an ensemble belief rule base[J]. Reliability Engineering & System Safety,2022(225):108627.

[83] Leilei Chang,Limao Zhang,Xiaobin Xu. Randomness-oriented multi-dimensional cloud-based belief rule base approach for complex system modeling[J]. Expert Systems with Applications,2022(203):117283.

[84] Yaqian You,Jianbin Sun,Yu Guo,et al. Interpretability and accuracy trade-off in the modeling of belief rule-based systems[J]. Knowledge-Based Systems,2022(236):107491.

[85] Emam Hossain,Mohammad Shahadat Hossain,Pär-Ola Zander,et al. Machine learning with belief rule-based expert systems to predict stock price movements[J]. Expert Systems with Applications,2022(206):117706.

[86] Fei-Fei Ye,Long-Hao Yang,Hai-Tian Lu,et al. A novel data-driven decision model based on extended belief rule base to predict China's carbon emissions[J]. Journal of Environmental Management,2022(318):115547.

[87] Manlin CHEN,Zhijie ZHOU,Bangcheng ZHANG,et al. A novel combination belief rule base model for mechanical equipment fault diagnosis[J]. Chinese Journal of Aeronautics,2022,35(5):158-178.

[88] Z. J. Zhou,G. Y. Hu,C. H. Hu,et al. A survey of belief rule base expert systems[J]. IEEE Transactions on Systems,Man and Cybernetics:Systems,2019(11):1-15.

[89] Wang,Y. M.,Yang,J. B. The evidential reasoning approach for multiple attribute decision analysis using interval belief degrees[J]. European Journal of Operational Research,2006,175(1):35-66.

[90] J. B. Yang,D. L. Xu. Introduction to the ER rule for evidence combination[C]. IUKM 2011:In Integrated Uncertainty in Knowledge Modeling and Decision Making,2011.

[91] Khalil AbuDahab,Dong-ling Xu,Yu-wang Chen. A new belief rule base knowledge representation scheme and inference methodology using the evidential reasoning rule for evidence combination[J]. Expert Systems with Applications,2016(51):218-230.

[92] 孙伟,苗宏胜,李海军,等.一种基于证据推理的惯性/视觉里程计深组合导航方法[J].中国惯性技术学报,2020,28(5):615-623.

[93] Swati Sachan,Jian-Bo Yang,Dong-Ling Xu,et al. An explainable AI decision-support-system to automate loan underwriting[J]. Expert Systems with Applications,2020(144):113100.

[94] Leiyu CHEN,Zhijie ZHOU,Changhua HU,et al. Performance evaluation of complex systems using evidential reasoning approach with uncertain parameters[J]. Chinese Journal of Aeronautics,2021,34(1):194-208.

[95] 周志杰,唐帅文,胡昌华,等.证据推理理论及其应用[J].自动化学报,2021,47(5):970-984.

[96] 李红宇,黄志鹏,张广玲,等.动态权重证据推理规则的CNN超参数质量评估[J].小型微型计算机系统,2021,42(5):1015-1021.

[97] J. B. Yang,J. Liu,D. L. Xu,et al. Optimization models for training belief-rule-based systems[J].

IEEE Transactions on Systems，Man，and Cybernetics—Part A：Systems and Humans，2007，37（4）：569-585.

[98] Yu-Wang Chen，Jian-Bo Yang，Dong-Ling Xu，et al. Inference analysis and adaptive training for belief rule based systems[J]. Expert Systems with Applications，2011，38（10）：12845-12860.

[99] Zhi-Jie Zhou，Chang-Hua Hu，Jian-Bo Yang，et al. Online updating belief rule based system for pipeline leak detection under expert intervention[J]. Expert Systems with Applications，2009，36（4）：7700-7709.

[100] Z. Zhou，C. Hu，J. Yang，et al. Online updating belief-rule-base using the RIMER approach[J]. IEEE Transactions on Systems，Man，and Cybernetics—Part A：Systems and Humans，2011，41（6）：1225-1243.

[101] Zhi-Guo Zhou，Fang Liu，Li-Cheng Jiao，et al. A bi-level belief rule based decision support system for diagnosis of lymph node metastasis in gastric cancer[J]. Knowledge-Based Systems，2013（54）：128-136.

[102] E. E. Savan，J. B. Yang，D. L. Xu，et al. A genetic algorithm search heuristic for belief rule-based model-structure validation［C］. 2013 IEEE International Conference on Systems，Man，and Cybernetics，2013：1373-1378.

[103] 吴伟昆,杨隆浩,傅仰耿,等. 基于加速梯度求法的置信规则库参数训练方法[J]. 计算机科学与探索,2014,8(8)：989-1001.

[104] 苏群,杨隆浩,傅仰耿,等. 基于变速粒子群优化的置信规则库参数训练方法[J]. 计算机应用,2014,34(8)：2161-2165,2174.

[105] Leilei Chang，Jianbin Sun，Jiang Jiang，et al. Parameter learning for the belief rule base system in the residual life probability prediction of metalized film capacitor[J]. Knowledge-Based Systems，2015（73）：69-80.

[106] Zhou，Y.，Chang，L.，Qian，B. A belief-rule-based model for information fusion with insufficient multi-sensor data and domain knowledge using evolutionary algorithms with operator recommendations[J]. Soft Computing，2019（23）：5129-5142.

[107] Wei Zhu，Ping-Zhi Hou，Lei-lei Chang，et al. Disjunctive belief rule base optimization by ant colony optimization for railway transportation safety assessment［C］. 2019 Chinese Control and Decision Conference（CCDC），2019：6120-6124.

[108] Bangcheng Zhang，Yang Zhang，Guanyu Hu，et al. A method of automatically generating initial parameters for large-scale belief rule base[J]. Knowledge-Based Systems，2020（199）：105904.

[109] 杨紫晴,姚加林,伍国华,等. 集成协方差矩阵自适应进化策略与差分进化的优化算法[J]. 控制理论与应用,2021,38(10)：1493-1502.

[110] Seyede Vahide Hashemi，Mahmoud Miri，Mohsen Rashki，et al. Multi-objective optimal design of SC-BRB for structures subjected to different near-fault earthquake pulses[J]. Structures，2022（36）：1021-1031.

第 2 章　无线传感器网络健康评估指标体系

2.1　引　　言

WSN 中若干个传感器节点被部署在不同的区域,进行不同系统数据的监测。传感器节点通常采用干电池作为能源供给单元,而电池的能量是有限的。此外,由于传感器节点数目众多、空间分布广泛,会受到复杂物理环境等因素影响,致使节点出现物理故障。然后,及时对 WSN 的传感器节点进行电池能源补充,以及更换故障节点设备是难以实现的。因此,与传统的有线传感器网络相比,WSN 更容易遭受恶意攻击或出现故障问题。

WSN 健康评估指标体系模型是为方便分析 WSN 健康状态而建立的数学模型,是评估、预测和维护 WSN 健康程度的重要途径,也是系统正常运行的重要依据之一。目前,对于 WSN 的健康评估并没有形成统一的量化指标,下面将根据实际工程需求,构建 WSN 健康评估指标体系。

2.2　常见健康指标

当 WSN 用于工程实践时,系统软件和硬件干扰因素会影响数据的有效传输,同时受到实际工作环境中诸多自然干扰因素的影响,以及遭到恶意的网络攻击,都会降低 WSN 健康评估的准确性。WSN 常见的健康状态评估指标包括覆盖率[1]、故障率[2]、丢包率[3]、连通率[4]和可靠率[5]等。

1. 覆盖率

覆盖率(coverage rate,CR)是指 WSN 有效覆盖范围所占比例,体现了 WSN 所能提供的网络"感知"服务质量。利用适当的网络覆盖控制技术,可以使网络空间资源得到优化,降低网络成本和功耗,延长网络寿命,更好地完成环境获取和有效传输的任务。WSN 以环境感知、目标监测、信息获取和有效传输为目的,所以网络的覆盖程度是 WSN 健康状态的重要标准之一。

2. 故障率

故障率(failure rate,FR)是指 WSN 发生事故(故障)停机时间与设备应开动时间的百分比,是考核 WSN 技术状态、故障强度、维修质量和效率的一个指标。WSN 故障通常是指传感器失去或降低其规定功能的事件或现象,表现为传感器节点失去原有的性能或精度,使 WSN 无法正常运行或性能下降,致使服务中断或效率降低而影响系统运转,即 WSN 丧失了它应达到的功能。传感器节点是 WSN 系统中的单个组件,因此要计算 WSN 的故障率,需要先计算出单个组件的故障率,再求出 WSN 的故障率。

3. 丢包率

丢包率(packet loss rate,PLR)是指当 WSN 在传递数据时,传递数据包的总数量中丢掉的数据包数量占总传递数据包的比例,是衡量网络系统健康状态的重要指标之一,并对网络的优化起到至关重要的作用。WSN 需要提供的核心服务是采集和传递数据,所以 WSN 是否为健康状态,在很大程度上取决于成功传递数据包的数量和比率。当发生严重的包丢失时,会使 WSN 无法完成关键任务,甚至陷入瘫痪。通过建立丢包率数学模型来考查单个节点的历史行为,以及整个 WSN 的数据传递状态,并以此来评估状态和预测 WSN 未来的运行情况。丢包率分为节点丢包率和网络丢包率两类。其中,节点丢包率是指单个节点接收到与其直接相连的某个邻居节点传递过来且未被成功转发的数据包数量,与该邻居节点传递给该节点的总数据包数量的比值;网络丢包率需要统计某一时间段内, WSN 中全部传感器节点传递的数据包总数量和 sink 节点收到的数据包总数量之间的比率。

4. 连通率

连通率(connectivity rate,CR)是指能够顺利使用某一 WSN 的概率。保证 WSN 连通率最基本的条件包含硬件、软件、网络带宽以及容量四个因素。硬件设备差则不能够保证连接的稳定性,软件性能不稳定会导致系统宕机,低带宽会产生网络拥塞问题,容量小会因为访问量激增致使系统崩溃。其中,节点 k 连通是指与该节点处于合作状态的直接相邻节点的数量是 k 个,并且没有处于黑洞状态的邻居节点,与网络是 k 连通的。网络 k 连通是指网络中重要节点至少是 k 连通。WSN 的 k 连通率是指在长期的网络运行中,保持 k 连通的概率。

5. 可靠率

可靠率(reliability rate,RR)是指 WSN 在特定的时间间隔内以及约定条件下,WSN 能正常运行的概率。WSN 可靠率是在时间 t 内和指定条件下,WSN 和传感器节点成功完成监听、采集、存储、传递和处理数据等操作的概率,其是一个时间指标函数。当 WSN 初始运行时,可靠率为 1,表示系统完全可靠,而随着时间的增加,可靠率将变得越来越低,最终可能为 0,表示系统完全不可靠。

2.3 健康评估指标体系的构建

覆盖率体现了 WSN 所能提供的网络"感知"服务质量,故障率是考核 WSN 故障强度、维修质量和效率的重要指标,根据 WSN 机理分析和 BRB 模型前提特征属性的特点,本书选用覆盖率和故障率作为健康评估指标,本节将给出两个指标数据的量化过程。

2.3.1　覆盖率

为延长 WSN 寿命,应该部署高密度的传感器节点,即每立方米不少于 20 个节点[1]。在这样一个能量受限的有高密度传感器节点的 WSN 中,既没有必要也不需要所有的节点同时处于高耗能的运行状态。如果所有的传感器节点同时处于工作模式,会浪费过多的电池能量,而且收集到的数据存在高度相关性和冗余性的特点。

通常情况下,WSN 中部分传感器节点的覆盖区域能够被其相邻节点接近完全覆盖甚至完全覆盖,通过节点调度可有效延长 WSN 的运行周期。关闭这样的冗余节点,使其处于低耗能的休眠状态,较小影响甚至完全不影响 WSN 的数据监测性能,但却能大大地降低采集数据和转发数据所消耗的电池能源,同时减弱数据冲突,提升 WSN 的数据传输效率。合理调度 WSN 中相邻传感器节点的运行状态和休眠状态,在满足系统运行的最低要求下(如 $CR \geqslant 85\%$),将部分传感器节点转入低耗能的休眠状态,从而降低 WSN 的运行节点的数量,减少整体 WSN 的能量消耗,进而延长 WSN 的运行时间。

覆盖率是保障 WSN 网络连接性的必要和充分条件之一,无线电传输范围至少应该是感应范围的两倍。假设整个区域是一个凸集,将感应范围和无线电传输范围分别表示为 r_s 和 r_t。如图 2.1 所示,一个传感器节点位于位置 O,$r_t < 2r_s$。在以 O 为中心、半径为 $r_t + \varepsilon < 2r_s$(其中 $\varepsilon > 0$)的圆上放置足够多数量的传感器,以便它们共同覆盖以 O 为中心、半径为 $r_t + \varepsilon$ 的整个圆。然而,这个网络是不连通的,因为节点 O 和任何其他节点之间的距离都超过了 r_t。

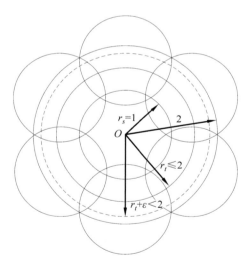

图 2.1　传感器节点的感应范围和无线电传输范围示意图

WSN 是由 n 个同质无线传感器设备节点 $s_1, s_2, \cdots, s_n$ 组成的。为了减少能源消耗,同时提高安全性和可靠性,选择一个最小的传感器子集,每个传感器至少被所在子集中的 k 个传感器监测。

WSN 中的覆盖会存在间隙问题,通过重新定位移动传感器来固定[6]。图论和计算几何提供了有效的方法来弥补这些差距。其中,最常见的间隙固定方法基于 Voronoi 多边形,将全局间隙修复问题转换为局部间隙的修补。基于感应范围和 Voronoi 多边形之间的重叠,可以获得间隙生成条件。WSN 中同质节点的传感范围与 Voronoi 多边形顶点之间的不同重叠情况如图 2.2 所示,节点 s_i、s_j 和 s_k 具有与移动节点 s_m 相同的感应范围,设 a、b、c 为三个节点的感应范围和节点与多边形顶点之间的连接线之间的交点。节点的感测半径应是通信半径的一半,以确保连通性。

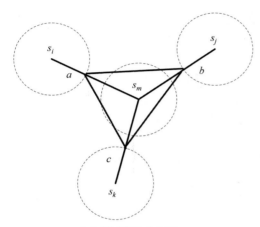

（a）节点间彼此分离

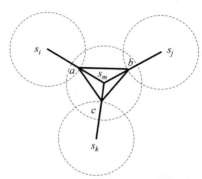

（b）节点间感应范围互不重叠

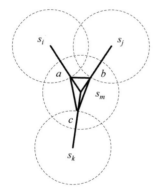

（c）节点 s_i 的感应范围覆盖节点 s_j

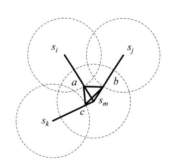

（d）节点 s_i 的感应范围覆盖节点 s_j 和 s_k

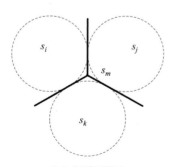

（e）间隙无限小

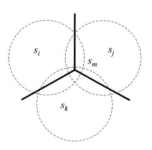

（f）顶点被完全覆盖

图 2.2　同质节点的传感范围与 Voronoi 多边形顶点之间的不同重叠情况

1. 覆盖率求解描述

可以将 WSN 建模为一个无向图 $G=(V,E)$，顶点集合 V 是传感器节点的集合，边集合 E 是传感器节点之间通信边的集合。如果两个相应的传感器都在对方的通信范围内，则两个节点之间存在一条边 e_i。假设网络是足够密集的，则网络是连通的，并且每个节点在给定的常数 k 下至少有 k 个邻居[7]。

k-覆盖集（k-coverage set，k-CS）问题：给定一个常数 $k>0$ 和一个无向图 $G=(V,E)$，找到一个节点 $C \subseteq V$ 的子集，使得 V 中的每个节点至少被 C 中的 k 个不同节点所覆盖，并且 C 中的节点数量最小化。

k-连接覆盖集（k-connected coverage set，k-CCS）问题：给定一个常数 $k>0$ 和一个无向图 $G=(V,E)$，找到一个节点 $C \subseteq V$ 的子集，使得 V 中的每个节点至少被 C 中的 k 个不同节点覆盖，C 中的节点数量最小，并且 C 中的节点是连接的。

k-CS 和 k-CCS 是支配集（dominating set，DS）和连接支配集（connected dominated set，CDS）问题的扩展[8]。如果网络中的每个节点都在该集合中，或者是该集合中的一个节点的邻居，那么该集合就是支配性的。当一个 DS 是连接的，它被称为 CDS；也就是说，DS 中的任何两个节点都可以通过 DS 中的中间节点连接起来[9]。CDS 作为一个连接的虚拟骨干网已被广泛用于 WSN 的广播过程、缩小空间的搜索和点覆盖[10]。当 $k=1$ 时，k-CS 问题可简化为 CDS 问题。因此，对于 $k=1$ 而言，k-CS 和 k-CCS 都是 NP 完全问题[11]。

2. 计算 k-CS 全局解

首先，用整数规划（integer programming，IP）来表述 k-CS 问题，提出基于线性规划的近似算法。

假定：n 个节点 $s_1,s_2,\cdots,s_n$，系数定义如下。

$$a_{ij}=\begin{cases} 1, & \text{节点 } s_i \text{ 被节点 } s_j \text{ 覆盖} \\ 0, & \text{其他} \end{cases} \qquad (2.1)$$

$$x_j=\begin{cases} 1, & \text{节点 } s_j \text{ 属于子集 } C \\ 0, & \text{其他} \end{cases} \qquad (2.2)$$

式中，a_{ij} 表示节点之间覆盖关系的系数；x_j 是布尔型变量。

1）整数规划

$$\text{Minimize}(x_1+x_2+\cdots+x_n) \qquad (2.3)$$

满足如下公式的条件约束：

$$\sum_{j=1}^{n}a_{ij}x_j, \quad i=1,\cdots,n, \quad x_j \in \{0,1\}, \quad j=1,\cdots,n \qquad (2.4)$$

式中，约束 $\sum_{j=1}^{n}a_{ij}x_j, i=1,\cdots,n$ 保证 V 中的每个节点至少被 C 中的 k 个节点覆盖。

设计一个 β 近似算法，令 $\beta=\Delta+1$。Δ 表示图 G 中节点度的最大值。由于整数规划是 NP 难问题，首先将 IP 放宽为线性规划，在线性时间内求解 LP，然后对解进行舍入，以得到整数规划的可行解。

2）宽松线性规划

$$\text{Minimize}(x_1+x_2+\cdots+x_n) \qquad (2.5)$$

满足式(2.6)的条件约束：

$$\sum_{j=1}^{n} a_{ij}x_j, \quad i=1,\cdots,n, \quad 0 \leqslant x_j \leqslant 1, \quad j=1,\cdots,n \tag{2.6}$$

设计一个 β 近似算法，$\beta=\Delta+1$。基于宽松线性规划的最优解 x^*，计算出整数规划的解 $\bar{x}$。当算法结束时，集合 C 包含了 K 覆盖集。该算法的复杂性是由线性规划求解器决定的，最优时间复杂度为 $O(n^3)$[12]。

算法 2-1：LP-based algorithm（LPA）

1：$C=\varphi$；

2：设 x^* 是宽松线性规划的最优解；

3：for each $j=1,\ldots,n$ do：
  a) If $x_j^* \geqslant 1/\rho$, then $x_j=1$ and $C=C\bigcup\{s_j\}$
  b) If $x_j^* < 1/\rho$, then $x_j=0$

4：返回 C。

【**定理 2-1**】 基于 LP 的算法是 k-CS 问题的 ρ 近似算法，其中 $\rho=\Delta+1$ 且 Δ 是图 G 中节点度的最大值。

证明：

首先，假定 $\rho=\Delta+1=\max\limits_{1\leqslant i\leqslant n}\sum\limits_{j=1}^{n}a_{ij}$。

其次，由于 $\bar{x}\leqslant\rho\cdot x_j^*$，$j=1,\cdots,n$，因此 $\sum\limits_{j=1}^{n}\bar{x}\leqslant\rho\sum\limits_{j=1}^{n}\bar{x}\leqslant x_j^*$，所以该算法是 ρ 近似算法的最优解。

再次，四舍五入分数值 x^*，得到初始整数规划的可行解 $\bar{x}$。

最后，将可行解 $\bar{x}$ 分为两个子集，即 $I_1=\left\{j\mid x_j^*<\dfrac{1}{\rho}\right\}$ 和 $I_2=\left\{j\mid x_j^*\geqslant\dfrac{1}{\rho}\right\}$。由于 $\sum\limits_{j\in I_1}a_{ij}x_j^*<\dfrac{1}{\rho}\sum\limits_{j\in I_1}a_{ij}\leqslant 1$，$i=1,\cdots,n$，因此 $\sum\limits_{j\in I_1}a_{ij}x_j^*<1$。同样，$\sum\limits_{j=1}^{n}a_{ij}\bar{x}_j\geqslant\sum\limits_{j\in I_2}a_{ij}x_j^*\geqslant k-\sum\limits_{j\in I_1}a_{ij}x_j^*>k-1$。由于 $\sum\limits_{j=1}^{n}a_{ij}\bar{x}$ 和 k 都是整数，所以 $\sum\limits_{j=1}^{n}a_{ij}\bar{x}\geqslant k$。

2.3.2　故障率

WSN 的传感器节点在生命周期中包括四个状态，即健康（health，简写为 H）、妥协（compromise，简写为 C）、响应（response，简写为 R）和故障（fault，简写为 F），如图 2.3 所示。其中，利用 λ_{ij} 表示从状态 i 到状态 j 的转换率。WSN 的传感器节点在初始状态时，处于正常运行的健康状态。

λ_{HC}：健康节点遭受攻击后，节点从状态 H 转变为状态 C，即变为妥协节点。

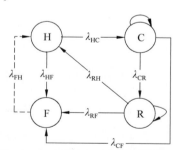

图 2.3　传感器节点状态转换图

λ_{CR}、λ_{CF}：妥协节点成为 WSN 中的恶意节点，对其他节点发起内部攻击。当检测到 WSN 中某个节点处于状态 C 时，应该立即将该节点转变为状态 R，或者将其转变为状态 F 或始终保持在状态 C。

λ_{RH}、λ_{RF}：节点转换到状态 R，系统将执行响应修复动作(软件修复或系统重置等应对攻击的措施)，如果修复成功，则转换到状态 H，否则转换到状态 F，或者继续处于状态 R。

λ_{HF}：WSN 经常处于自然环境条件比较恶劣的区域，节点容易因环境干扰，或者电源能量耗尽而失效，从而导致直接从状态 H 转换到状态 F。

λ_{FH}：节点一旦进入状态 F 就不可修复，不能从状态 F 转换到状态 H，但 WSN 会部署一定数量的冗余节点，一是为了提高数据的准确度和精度，二是为了当节点处于状态 F 时，冗余节点可以立刻替换失效的节点继续工作，所以失效节点具有一定从状态 F 转换为状态 H 的转换率。

首先，通过连续时间马尔可夫模型，计算出每个传感器节点的平均无故障时间。状态集简化为 $S=\{S_W,S_F\}$，其中 $S_W=\{H,C\}$，$S_F=\{R,F\}$，此时仅关注工作 S_W 和故障 S_F 两种状态。当节点处于状态 R 时，则暂停服务，使其转换为状态 F；当节点处于状态 C 时，表示遭到恶意攻击，此时可以利用降低安全级别来满足基本的运行需求。

通过式(2.7)，表示状态转移矩阵 $\boldsymbol{A}$：

$$\boldsymbol{A}=\begin{bmatrix} A_1 & A_2 \\ A_3 & A_4 \end{bmatrix} \tag{2.7}$$

式中，A_i，$i=1,2,3,4$ 均是 2×2 的方阵，方阵 A_1 是 S_W 中状态 H 和状态 C 相互转换率，方阵 A_2 是工作状态 S_W 向故障状态 S_F 的转换率，方阵 A_3 是故障状态 S_F 向工作状态 S_W 的转换率，方阵 A_4 是故障状态 S_F 中 R 和 F 相互转换率。

稳态概率按照工作与故障两种状态来表示：

$$\pi=\{\pi_W,\pi_F\} \tag{2.8}$$

式中，$\pi_W=\{\pi_H,\pi_C\}$；$\pi_F=\{\pi_R,\pi_{FF}\}$。

假设 $t=0$ 时的任一工作概率 $\pi_W(0)$，且 $\pi_H+\pi_C=1$，则传感器节点的平均无故障时间(mean time to failure，MTTF)可以由如下公式计算：

$$MTTF=\pi_W(0)(-A_1)^{-1}h \tag{2.9}$$

$$\pi_W(0)=\frac{\pi_W}{\pi_F h} \tag{2.10}$$

$$h=\begin{bmatrix} 1 \\ 1 \end{bmatrix} \tag{2.11}$$

即

$$MTTF=\frac{(\lambda_{HC}+\lambda_{CR}+\lambda_{CF})\pi_H+(\lambda_{HC}+\lambda_{HF})\pi_C}{(\lambda_{HC}+\lambda_{HF})(\lambda_{CR}+\lambda_{CF})(\pi_H+\pi_C)} \tag{2.12}$$

故障率可用平均无故障时间表示：

$$F(t)=\frac{1}{MTTF} \tag{2.13}$$

传感器节点是 WSN 系统中的单个组件。要计算 WSN 的故障率，需要先计算出单个组件的故障率，再求出 WSN 的故障率。

$$FR=\frac{\sum_{i=1}^{N}F_i}{N} \tag{2.14}$$

式中，N 表示 WSN 中传感器节点的数量；F_i 表示第 i 个节点的故障率。

2.4　本章小结

为实现 WSN 健康状态的定量分析,本章给出了五种常见的 WSN 健康状态评估指标:覆盖率、故障率、丢包率、连通率和可靠率。覆盖率体现了 WSN 所能提供的网络"感知"服务质量,故障率是考核 WSN 故障强度、维修质量和效率的一个指标,根据 WSN 健康状态的机理分析和 BRB 模型对前提特征属性的数量限制,本书选用覆盖率和故障率作为 WSN 健康评估指标,并给出两个指标数据的量化过程。

2.5　参考文献

［1］ Zhang H,Hou J C. Maintaining sensing coverage and connectivity in large sensor networks[J].Wireless Ad Hoc and Sensor Networks,2005,1(1): 89-123.

［2］ David Large,James Farmer. Broadband cable access networks[M]. San Francisco:Morgan Kaufmann, 2009: 265-297.

［3］ Ying Loong Lee,Jonathan Loo,Teong Chee Chuah. Modeling and simulation of computer networks and systems[M]. San Francisco:Morgan Kaufmann,2015: 683-716.

［4］ Li M.,Han S.,Zhou S.,et al. An improved computing method for 3D mechanical connectivity rates based on a polyhedral simulation model of discrete fracture network in rock masses[J]. Rock Mechanics and Rock Engineering,2018(51): 1789-1800.

［5］ David Large,James Farmer. Broadband cable access networks[M]. San Francisco:Morgan Kaufmann, 2009: 347-376.

［6］ Xinmiao Lu,Yanwen Su,Qiong Wu,et al. An improved coverage gap fixing method for heterogenous wireless sensor network based on Voronoi polygons[J]. Alexandria Engineering Journal,2021(60): 4307-4313.

［7］ Yang S,Fei D,Cardei M,et al. On connected multiple point coverage in wireless sensor networks[J]. Journal of Wireless Information Networks,2006,13(4): 289-301.

［8］ J. Wu,H. Li. On calculating connected dominating set for efficient routing in ad hoc wireless networks [C]. Proc. of the 3rd Int'l Workshop on Discrete Algorithms and Methods for Mobile Computing and Communications,1999.

［9］ I. Stojmenovic,M. Seddigh,J. Zunic. Dominating sets and neighbor elimination based broadcasting algorithms in wireless networks[J]. IEEE Transactions on Parallel and Distributed Systems,2002,13 (1): 14-25.

［10］ J. Carle,D. Simplot-Ryl. Energy efficient area monitoring by sensor networks[J]. IEEE Computer, 2004,37(2): 40-46.

［11］ B. N. Clark,C. J. Colbourn,D. S. Johnson. Unit disk graphs[J]. Discrete Mathematics,1990(86): 165-177.

［12］ Y. Ye. An o(n3l) potential reduction algorithm for linear programming [J]. Mathematical Programming,1991,50(2): 239-258.

第 3 章　数据丢失状态下无线
传感器网络健康评估

3.1　引　　言

利用 WSN 来监测声音、振动、重力、温度、湿度、压力或污染物等复杂的系统状态信息,以确保系统的可靠性和安全性[1]。由于传感器节点通常被部署在不易靠近的区域或无人值守的环境中,用来记录数据或者感知某些事件的发生,因此无法及时对故障节点进行维护。一旦出现了诸如硬件故障、软件故障、能源故障、传输故障或者攻击者入侵节点故障等,将导致 WSN 的有效性降低,甚至产生网络故障。因此,有必要采取相应措施来提高 WSN 的可靠性和安全性[2-3]。

健康评估被广泛用于复杂系统的健康管理中,通过融合监测信息来评估系统的健康状态[4-6]。目前 WSN 健康评估研究可以分为基于数据、专家知识和半定量(定量数据和专家知识)三类健康评估方法。近年来涌现出出色的研究成果。例如,Mudziwepasi 等[7] 将 WSN 引入奶牛的健康评估和运动检测,强调了系统的可靠性;Tae 等[8] 提出了 WSN 医疗保健系统的安全管理;Sun 等[9] 提出了一种基于 PBRB 的 WSN 节点故障诊断方法。

已取得的研究成果亟须解决以下三个问题。

(1) 由于工程实践中的干扰因素和数据传输技术的局限性,很难获取大量有效的监测数据,特别是故障数据[10-11]。基于数据的健康评估模型是建立在大量监测数据的基础上进行统计分析,而小样本数据无法提供足够的信息来建立一个精确的健康评估模型。

(2) 在实际系统中存在多个影响 WSN 健康状态的因素。由于传感器之间进行数据的传递会产生相互影响[12-13],所以仅凭领域专家提供的模糊性和不确定性的自然语言描述是无法建立精确的数据模型的,也很难直接使用。

(3) 传感器之间数据的传输是通过无线方式实现的,对环境的干扰非常敏感。一旦受到环境干扰的影响,监测数据便可能丢失,从而增加了健康评估的难度[14-15]。

在工程应用中,常用丢失数据时间点的前一个和后一个时间点的数据的平均值来计算丢失数据。但是网络工作状态的变化趋势经常是非线性变化的,丢失数据的平均值计算方法是无法表示非线性变化趋势的。例如,当 $t-1$ 和 $t+1$ 时刻的监测值分别为 3.4 和 4.8 时,使用均值法计算出 t 时刻的丢失数据为 4.1;受到环境中干扰因素的影响,丢失数据可能在 4.1 上下波动,因此丢失数据的补偿方法应同时考虑历史数据和工作环境。

基于对上述现有 WSN 健康评估研究中无法同时解决缺少监测信息、复杂系统的影响因素和数据丢失等方面面临的挑战分析,为了提高健康评估的准确性,提出了一种新的

WSN 健康评估模型。

BRB 模型是一种基于 If-Then 规则、模糊推理和 D-S 证据理论而提出的专家系统[16-18]。在 BRB 模型中,系统的定量数据和专家的定性知识被同时用来提高复杂系统的建模能力。此外,BRB 模型是由专家根据系统机理给出的,具有良好的可解释性,所以 BRB 模型可以用来解决缺少监测信息和复杂的系统干扰因素的影响。但是,现有的基于 BRB 的健康评估研究并没有考虑丢失数据的情况,均假定监测数据是完整的,这降低了 WSN 在实际环境干扰环境下的评估精度。

为提高 WSN 健康状态的评估精度,本书建立了一种基于双 BRB 模型的健康评估模型结构。首先,新模型提出了一种基于 BRB 模型的丢失数据补偿模型,该模型利用历史数据和专家知识对丢失数据进行估算,用来解决实际工作环境中可能引起监测数据非线性波动的干扰因素的影响;其次,根据补偿数据和监测数据,利用 BRB 模型构建健康评估模型对 WSN 的健康状态进行评估;最后,基于 BRB 构建的初始健康评估模型是由专家确定的,而在实际系统中专家知识具有不确定性和未知性,初始健康评估模型无法准确地评估健康状态,因此基于 P-CMA-ES 算法建立了健康评估模型参数的优化模型[2-3,14]。

3.2 问题描述

在第 3.2.1 小节总结了工程实践中 WSN 健康评估问题;在第 3.2.2 小节给出了基于双 BRB 模型的 WSN 健康评估模型的框架。

3.2.1 数据丢失状态下健康评估的问题描述

为提升工程应用中 WSN 健康状态评估的准确性,需要解决以下三个问题。

(1) 一方面,在工程应用中,由于受到环境干扰影响和传感器技术的局限性,监测数据中存在大量的无效数据,高质量可用数据较少[2]。另一方面,由于传感器设备设计制造工艺的高可靠性,发生故障次数较少,产生故障数据也较少。所以,如何在健康评估中融合其他网络信息是首要解决的问题。

(2) 在实际系统中,WSN 的健康状态受到多种因素的影响。由于专家的知识有限性,无法提供准确的网络健康状态信息。此外,专家提供的知识是通过自然语言的形式呈现,自然语言的不确定性和模糊性增加了健康评估人员使用专家知识的难度[11,14]。所以,第二个问题是如何融合专家知识,增加健康评估模型中定量和定性的信息量。

当 WSN 应用于工程实践时,众多干扰因素会影响数据的传输,丢失部分时间点的监测数据是不可避免的。另外,受到实际工作环境中的静电感应干扰、电磁感应干扰、漏电流感应干扰、射频干扰、机械干扰、热干扰和化学干扰等多种干扰因素的影响,监测数据的波动会比较剧烈,不能简单地通过参考数据的平均值来计算,不完整的监测数据会降低健康评估的准确性。

针对上述存在的三点问题,本书构建的 WSN 健康评估模型如下:
$$H(t) = \Psi\{x_1(t), x_2(t), \cdots, x_N(t), \Xi[x(1), x(2), \cdots, x(t-1)], R\} \qquad (3.1)$$

式中，$H(t)$ 表示在 t 时刻 WSN 的健康评估状态；$x_i(t)$ 表示第 i 个网络特征；N 表示网络特征的数量；$\Psi(\cdot)$ 表示用来建立网络特征和健康状态之间模型关系的非线性函数；$\Xi(\cdot)$ 表示在考虑历史监测数据的情况下，用于补偿丢失数据的非线性函数；$x(t-1)$ 表示在 $t-1$ 时刻的历史数据；R 表示综合考虑 WSN 的整个工作过程中的干扰因素，将专家知识融合到健康评估模型中。

3.2.2 基于双 BRB 的无线传感器网络健康评估模型

为提高实际工程应用中 WSN 健康状态评估的准确性，需要解决三个问题。本书建立的 WSN 健康评估模型是由丢失数据补偿模型和健康评估模型两个模型构成的。

1. 丢失数据补偿模型

在基于 BRB 的丢失数据补偿模型中，包含多条置信规则，其中第 k 条数据补偿置信规则表示为

$$B_k : \text{If } x_i(1) \text{ is } A_1^k \wedge x_i(2) \text{ is } A_2^k \cdots \wedge x_i(t-1) \text{ is } A_{t-1}^k,$$
$$\text{Then } x_i(t) \text{ is } \{(D_1, \beta_{1,k}), \cdots, (D_N, \beta_{N,k})\} \tag{3.2}$$
$$\text{With rule weight } \theta_k, \text{ characteristic weight } \delta_1, \delta_2, \cdots, \delta_{t-1}$$

式中，x_i 表示丢失数据补偿模型中输入的第 i 个网络特征；A_i^k 表示第 i 个网络特征 x_i 在第 k 条规则中的参考值，$i = 1, \cdots, t-1$，$k = 1, \cdots, L$；$x_i(t)$ 表示计算得到的在 t 时刻的补偿数据；D_j 表示 $x_i(t)$ 对应的第 j 个输出等级；$\beta_{j,k}$ 是第 j 个输出等级 D_j 在第 k 条规则中的输出置信度，$j = 1, \cdots, N$，$k = 1, \cdots, L$；$\delta_1, \delta_2, \cdots, \delta_{t-1}$ 是第 k 条规则中使用的 $t-1$ 个时刻网络特征的各自权重值；θ_k 是第 k 条置信规则的规则权重值。在新建模型的置信规则中，输入特征可以是任意时间点的历史数据。例如，可以使用 $t-1$ 和 $t-2$ 时刻的网络特征数据 $x_i(t-2)$ 和 $x_i(t-1)$ 作为丢失数据补偿模型的输入值[19-20]。

2. 健康评估模型

当得到补偿后的丢失数据，便可以基于 BRB 模型构建 WSN 的健康评估模型，第 k 条健康评估置信规则可以表示为

$$E_k : \text{If } x_1(t) \text{ is } C_1^k \wedge x_2(t) \text{ is } C_2^k \cdots \wedge x_M(t) \text{ is } C_M^k,$$
$$\text{Then } H(t) \text{ is } \{(H_1, \zeta_{1,k}), \cdots, (H_F, \zeta_{F,k})\} \tag{3.3}$$
$$\text{With rule weight } \vartheta_k, \text{ characteristic weight } \nu_1, \nu_2, \cdots, \nu_M$$

式中，$H(t)$ 表示在 t 时刻 WSN 的健康评估状态；$x_1(t), x_2(t), \cdots, x_M(t)$ 表示 WSN 的 M 个特征，$\nu_1, \nu_2, \cdots, \nu_M$ 是 M 个特征对应的权重值；$C_1^k, C_2^k, \cdots, C_M^k$ 是第 k 条规则中 M 个特征的参考值；$H_1, \cdots, H_F$ 表示 F 个健康等级，$\zeta_{1,k}, \cdots, \zeta_{F,k}$ 是在第 k 条规则中 F 个健康等级对应的置信度；ϑ_k 是第 k 条置信规则的权重值。

3. 基于双 BRB 的健康评估模型架构

本书构建的基于双 BRB 的无线传感器网络健康评估模型的系统架构如图 3.1 所示。

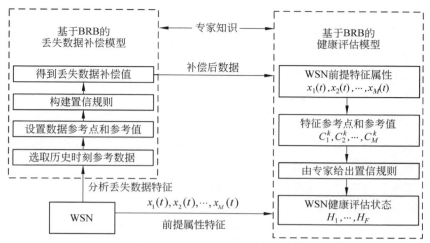

图 3.1 基于双 BRB 的无线传感器网络健康评估模型

3.3 数据丢失状态下无线传感器网络健康评估模型的推导

为准确地评估数据丢失状态的 WSN 的健康状态,健康评估模型由基于 BRB 的丢失数据补偿模型和基于 BRB 的健康评估模型两部分组成。第 3.3.1 小节给出了基于 BRB 的丢失数据补偿模型的构建过程;第 3.3.2 小节给出了基于 BRB 的健康状态评估模型的构建过程;第 3.3.3 小节针对专家知识的不确定性和模糊性的影响,给出了一种基于 P-CMA-ES 算法的优化模型;第 3.3.4 小节总结了健康评估模型的建模过程。

3.3.1 基于 BRB 的丢失数据补偿模型

为保证网络特征数据的完整性,本小节将介绍基于 BRB 丢失数据补偿模型的构建过程。

丢失数据补偿模型中包含多条丢失数据补偿的置信规则,其中第 k 条规则可以由式(3.2)表示。模型的目标是利用特征历史数据信息估算丢失的数据。建模过程包含如下三步。

(1)历史数据的格式化转换处理。当历史数据可用时,利用如下公式将历史数据转换为匹配度:

$$m_j^i = \begin{cases} \dfrac{A_{i(k+1)} - x_i^*}{A_{i(k+1)} - A_{ik}}, & j = k, A_{ik} \leqslant x_i^* \leqslant A_{i(k+1)} \\ \dfrac{x_i^* - A_{ik}}{A_{i(k+1)} - A_{ik}}, & j = k+1 \\ 0, & j = 1, 2, \cdots, |x_i|, j \neq k, k+1 \end{cases} \tag{3.4}$$

式中,m_j^i 表示在 i 时刻历史数据与第 j 条规则的匹配度;A_{ik} 和 $A_{i(k+1)}$ 分别表示在 i 时刻第 k 条和第 $k+1$ 条规则的参考值;x_i^* 表示在 i 时刻丢失数据补偿模型的输入值;$|x_i|$ 表示在

i 时刻特征数据组成的规则数量[21]。

计算输入特征和置信规则的匹配度,公式如下:

$$\overline{\delta}_i = \frac{\delta_i}{\max\limits_{i=1,\cdots,T_k} \{\delta_i\}}, \quad 0 \leqslant \overline{\delta}_i \leqslant 1 \tag{3.5}$$

$$m_k = \prod_{i=1}^{T_k} (m_k^i)^{\overline{\delta}_i} \tag{3.6}$$

式中,m_k 是输入特征和第 k 条规则的匹配度;$\overline{\delta}_i$ 表示在 i 时刻历史数据的相对权重;T_k 表示在第 k 条规则中输入特征的数量[22-23]。

(2) 计算置信规则的激活权重。在历史数据可用的情况下,不同置信规则具有不同的激活权重,激活权重可以用如下公式计算得出:

$$w_k = \frac{\theta_k m_k}{\sum\limits_{l=1}^{L} \theta_l m_l}, \quad k = 1, \cdots, L \tag{3.7}$$

式中,w_k 是第 k 条规则的激活权重;θ_k 是第 k 条规则的规则权重;L 是在构建模型中置信规则的数量。

(3) 融合被激活的置信规则生成丢失补偿数据。置信规则的输出代表了在不同输出等级中的估算置信度。因为置信规则的激活权重 w_k 不同,不同置信规则的输出不能直接融合,最终输出可由证据推理(evidence reasoning,ER)解析算法生成[24-25]。

$$\beta_n = \frac{\mu \left[\prod\limits_{k=1}^{L} \left(w_k \beta_{n,k} + 1 - w_k \sum\limits_{j=1}^{N} \beta_{j,k} \right) - \prod\limits_{k=1}^{L} \left(1 - w_k \sum\limits_{j=1}^{N} \beta_{j,k} \right) \right]}{1 - \mu \left[\prod\limits_{k=1}^{L} (1 - w_k) \right]} \tag{3.8}$$

$$\mu = \left[\sum_{n=1}^{N} \prod_{k=1}^{L} \left(w_k \beta_{n,k} + 1 - w_k \sum_{j=1}^{N} \beta_{j,k} \right) - (N-1) \prod_{k=1}^{L} \left(1 - w_k \sum_{j=1}^{N} \beta_{j,k} \right) \right]^{-1} \tag{3.9}$$

式中,β_n 是第 n 个参考等级 D_n 的最终置信度;输出的置信度必须满足约束条件:$\sum\limits_{n=1}^{N} \beta_n \leqslant 1$。

在 t 时刻第 i 个特征的丢失数据的估算值可以由如下公式计算得出:

$$u[x_i(t)] = \sum_{n=1}^{N} u(D_n) \beta_n \tag{3.10}$$

式中,$u[x_i(t)]$ 表示在 t 时刻第 i 个特征丢失数据的估算值;$u(D_n)$ 是第 n 个参考等级 D_n 的定量值。在丢失数据补偿模型中,补偿数据输出的参考等级的定量值和特征的参考等级都是由专家机理分析后给定的。

在基于 BRB 的丢失数据补偿模型的建模过程中,WSN 特征参考点和个数以及初始模型结构和参数均由专家给出,这是一个融合专家知识的过程。专家知识的最大优势是能够全面地考虑 WSN 的全部工作过程,从而解决由环境干扰产生的数据波动问题,具有可解释性。

3.3.2 基于 BRB 的无线传感器网络健康评估模型

当丢失数据得到补偿后,接着利用构建的基于 BRB 的 WSN 健康状态模型进行评估。

如式(3.3)所示,在基于 BRB 的健康评估模型中,其输入是网络特征的监测数据和补偿数据,输出是 WSN 的健康状态。健康评估模型的推理过程和丢失数据补偿模型是相似的,包含如下三步。

(1)计算补偿后监测数据和置信规则的匹配度。当网络特征补偿后的监测数据可用时,可以使用如下公式计算其与参考等级的匹配度。

$$
\widetilde{\omega}_j^l = \begin{cases} \dfrac{C_{l(k+1)} - x_l^*}{C_{l(k+1)} - C_{lk}}, & j = k, C_{lk} \leqslant x_l^* \leqslant C_{l(k+1)} \\[2ex] \dfrac{x_l^* - C_{lk}}{C_{l(k+1)} - A_{lk}}, & j = k+1 \\[2ex] 0, & j = 1, 2, \cdots, |x_l|, j \neq k, k+1 \end{cases} \tag{3.11}
$$

式中,$\widetilde{\omega}_j^l$ 表示第 l 个网络特征和第 j 条置信规则的匹配度;C_{lk} 和 $C_{l(k+1)}$ 分别表示第 l 个网络特征在第 k 条规则和第 $(k+1)$ 条规则中的参考点;$|x_l|$ 是包含第 l 个网络特征的置信规则的数量。

输入网络特征与置信规则的匹配度可由如下公式计算得出:

$$
\bar{v}_i = \frac{\nu_i}{\max\limits_{i=1,\cdots,M} \{\nu_i\}}, \quad 0 \leqslant \bar{\nu}_i \leqslant 1 \tag{3.12}
$$

$$
\widetilde{\omega}_k = \prod_{i=1}^{M} (\widetilde{\omega}_k^i)^{\bar{\nu}_i} \tag{3.13}
$$

式中,$\widetilde{\omega}_k$ 是输入网络特征和第 k 条规则的匹配度;$\bar{\nu}_i$ 是第 i 个输入网络特征的相对权重。

(2)计算置信规则的激活权重。当每条置信规则的匹配度计算完毕后,置信规则对网络特征输入值的有效性可以通过如下公式计算的激活权重来表示。

$$
\psi_k = \frac{\vartheta_k \widetilde{\omega}_k}{\sum\limits_{l=1}^{L} \vartheta_l \widetilde{\omega}_l}, \quad k = 1, \cdots, L_H \tag{3.14}
$$

式中,ψ_k 是第 k 条置信规则的激活权重;ϑ_k 表示第 k 条置信规则的权重。

(3)通过 ER 解析算法对激活的规则进行融合。根据激活规则的激活权重,可以通过如下公式计算无线传感器网络的健康评估状态[14]。

$$
\zeta_f = \frac{\mu \left[\prod\limits_{k=1}^{L_H} \left(\psi_k \zeta_{f,k} + 1 - \psi_k \sum\limits_{j=1}^{F} \zeta_{j,k} \right) - \prod\limits_{k=1}^{L_H} \left(1 - \psi_k \sum\limits_{j=1}^{F} \zeta_{j,k} \right) \right]}{1 - \xi \left[\prod\limits_{k=1}^{L_H} (1 - \psi_k) \right]} \tag{3.15}
$$

$$
\xi = \left[\sum_{f=1}^{F} \prod_{k=1}^{L_H} \left(\psi_k \zeta_{f,k} + 1 - \psi_k \sum_{j=1}^{F} \zeta_{j,k} \right) - (F-1) \prod_{k=1}^{L_H} \left(1 - \psi_k \sum_{j=1}^{F} \zeta_{j,k} \right) \right]^{-1} \tag{3.16}
$$

式中,ζ_f是第 f 个健康状态等级的最终置信度;L_H 表示在健康评估模型中激活置信规则的数量。

使用如下公式计算当前的健康状态评估值。

$$H(t) = \sum_{f=1}^{F} u(H_f)\zeta_f \tag{3.17}$$

式中,$H(t)$ 是由评估模型得到的传感器网络的健康状态;$u(H_f)$ 表示第 f 个健康状态等级的置信度。

丢失数据补偿模型和健康评估模型的建模过程是相似的,两个模型的区别是参数的物理意义不同,这是由 BRB 的高可解释性决定的。在建模过程中,不同的参数给出不同的物理含义,其约束条件也是不同的。

基于 BRB 的丢失数据补偿模型用于估算丢失数据,而基于 BRB 的健康评估模型是用于评估 WSN 的健康状态,即基于 BRB 的丢失数据补偿模型解决的是数据丢失的问题,而基于 BRB 的健康评估模型解决的是缺少大量样本值和复杂系统问题。因此,本书提出的模型解决了在第 3.2.1 小节总结的现有研究存在的问题。

3.3.3 初始健康评估模型的优化

BRB 模型是一种专家系统,其初始结构和参数是由专家给出的,本书的丢失数据补偿模型和健康评估模型都是基于 BRB 模型构建的。但由于专家知识的不确定性和模糊性,初始丢失数据补偿模型无法准确估算丢失的数据,初始健康评估模型也无法准确评估WSN 的健康状态,所以使用 P-CMA-ES 算法对模型进行优化。

进化策略(evolutionary strategies,ES)的优化目标是实数向量,$x \in R_n$。进化算法是一种基于种群划分的优化算法,其灵感来自自然选择。自然选择认为,具有有利于生存特性的个体可以世代生存,并将好的特性传给下一代。进化是在选择过程中逐渐发生的,进化使种群生长得能更好地适应环境。

协方差矩阵自适应进化策略(covariance matrix adaptation ES,CMA-ES)主要用于解决病态条件下的连续优化问题。进化策略算法作为求解参数优化问题的方法,模仿生物进化原理,假设无论基因发生何种变化,产生的结果总遵循零均值和某一方差的高斯分布。

然而,CMA-ES 算法仅适用于无约束条件的优化问题,而 BRB 模型的优化是一个有严格约束条件的优化命题。为了解决该问题,本书引入投影操作解决无约束问题,即投影协方差矩阵自适应进化策略(projection CMA-ES,P-CMA-ES)算法作为丢失数据 BRB 补偿模型和健康评估 BRB 模型的优化算法,优化参数是置信规则的置信度、特征权重和规则权重,迭代次数是由专家根据监测数据和优化参数确定的。WSN 健康评估模型的优化模型包含单一的优化目标,是一个约束优化模型。

均方误差(mean square error,MSE)是评价模型准确性的重要方法,利用评估模型的估算输出值和模型的实际输出值之间的误差值计算得到。均方误差可以通过如下公式进行计算。

$$\text{MSE} = \frac{1}{T} \sum_{t=1}^{T} (\text{output}_{\text{estimated}} - \text{output}_{\text{actual}})^2 \tag{3.18}$$

式中，T 表示监测数据的数量；$\text{output}_{\text{estimated}}$ 和 $\text{output}_{\text{actual}}$ 分别表示评估模型的估算输出值和模型的实际输出值。

为保证丢失数据补偿模型的可解释性，给出了如下的约束条件。

$$0 \leqslant \theta_k \leqslant 1, \quad k = 1, 2, \cdots, L \tag{3.19}$$

$$0 \leqslant \delta_i \leqslant 1, \quad i = 1, \cdots, t - 1 \tag{3.20}$$

$$0 \leqslant \beta_{n,k} \leqslant 1, \quad n = 1, \cdots, N, k = 1, 2, \cdots, L \tag{3.21}$$

$$\sum_{n=1}^{N} \beta_{n,k} \leqslant 1, \quad k = 1, 2, \cdots, L \tag{3.22}$$

丢失数据补偿模型的优化模型可以表示为

$$\min \text{MSE}(\theta_k, \beta_{n,k}, \delta_i) \tag{3.23}$$

式中，各参数必须满足式(3.19)～式(3.22)的约束条件。

丢失数据补偿模型的估算输出值是根据式(3.10)计算得到的。

与丢失数据补偿模型相似，健康评估模型优化模型的优化目标是最小化无线传感器网络健康状态的估算值和网络健康状态实际值之间的误差值。无线传感器网络健康评估模型的优化模型如下[2-3]：

$$\min \text{MSE}(\vartheta_k, \zeta_{f,k}, \nu_i) \tag{3.24}$$

满足如下约束条件：

$$0 \leqslant \vartheta_k \leqslant 1, \quad k = 1, 2, \cdots, L_H \tag{3.25}$$

$$0 \leqslant \nu_i \leqslant 1, \quad i = 1, \cdots, M \tag{3.26}$$

$$0 \leqslant \zeta_{f,k} \leqslant 1, \quad f = 1, \cdots, F, k = 1, 2, \cdots, L_H \tag{3.27}$$

$$\sum_{f=1}^{F} \zeta_{f,k} \leqslant 1, \quad k = 1, 2, \cdots, L_H \tag{3.28}$$

健康评估模型的健康估算结果是通过式(3.17)计算得到的。

本书提出 P-CMA-ES 算法作为丢失数据补偿模型和健康评估模型的优化算法，优化参数是置信规则的置信度、特征权重和规则权重，迭代次数是由专家根据监测数据和优化参数确定的。

3.3.4　健康评估模型的建模过程

本小节总结 WSN 健康评估模型的建模过程，包括丢失数据补偿和健康评估模型的建模过程，具体内容如下。

（1）选取 WSN 的关键特征。在基于 BRB 的健康评估模型中，WSN 的输入特征决定了模型结构和初始参数。模型的复杂性和精确度与 WSN 的输入特征有直接关系。因此，应由专家选取关键特征。

（2）估算网络特征的丢失数据。由专家在对 WSN 特征分析的基础上，选取合适的历史时刻参考数据，并根据式(3.2)建立丢失数据补偿模型。

（3）训练优化丢失数据补偿模型和健康评估模型。根据 WSN 特征的历史时刻监测数据，利用提出的优化模型对丢失数据补偿模型和健康评估模型分别进行训练优化。丢失数据补偿模型的实际输出是由完整历史数据集截取生成的,健康评估模型的实际输出是由专家根据 WSN 机理分析确定的。

（4）测试健康评估模型。对构建的模型训练优化完毕后,利用历史数据集对优化模型进行校验。需要指出的是,丢失数据补偿模型是健康评估模型的基础,用来保证监测数据的完整性。

3.4 实 验 验 证

为验证 WSN 健康评估模型的有效性,本节进行了实验模拟和分析。

3.4.1 WSN 健康评估模型实验描述

WSN 被用于监测复杂系统的状态信息,WSN 的可靠性是复杂系统可靠性的基础,因此,WSN 的健康评估是非常重要的。本书将 WSN 用于监测位于海南省某港口原油存储罐的工作状态,采集系统运行状态数据。

原油存储罐位于中国南海附近,受到沿海因素的影响,WSN 采集的监测数据极易受到干扰,可用的监测数据较少,而且 WSN 是无线方式连接的,也容易导致数据丢失。WSN 的健康状态还受到多种其他因素影响,增大了专家提供准确信息的难度。为克服上述问题,提高 WSN 健康评估准确度,本书提出了基于 BRB 的丢失数据补偿模型和基于 BRB 的健康评估模型。

3.4.2 WSN 丢失数据补偿模型的构建

在案例研究中,选取了覆盖率（coverage rate,CR）和故障率（failure rate,FR）两个特征指标作为 WSN 的关键特征。受到工程实践中干扰因素的影响,这两个特征的部分检测数据容易丢失,因此构建了基于 BRB 的丢失数据补偿模型。

在丢失数据补偿模型中存在多条置信规则,其中第 k 条规则可以描述为

$$B_k : \text{If } x_i(t-2) \text{ is } A_1^k \wedge x_i(t-1) \text{ is } A_2^k,$$
$$\text{Then } x_i(t) \text{ is } \{(D_1, \beta_{1,k}), \cdots, (D_{N_i}, \beta_{N,k})\} \quad (3.29)$$
$$\text{With rule weight } \theta_k, \text{ characteristic weight } \delta_1, \delta_2, i = 1, 2$$

式中,$x_i(t-2)$ 和 $x_i(t-1)$ 表示前提特征属性 x_i 在 $t-2$ 和 $t-1$ 时刻的特征值;A_1^k 和 A_2^k 表示参考值;$x_i(t)$ 表示在 t 时刻的补偿值。

丢失数据补偿模型同时考虑系统的复杂性和精确性,选取 $t-1$ 和 $t-2$ 时刻的历史数据作为 BRB 模型的两个输入属性值。由专家分别为 CR 和 FR 两个特征设置了 4 个和 5 个参考点,如表 3.1 和表 3.2 所示。其中,L、SL、M、SH 和 H 表示低、较低、中、较高和高五个参考点。

表 3.1 CR 的参考点和参考值

参考点	L	M	SH	H
参考值	3.12	9.38	31.24	65.63

表 3.2 FR 的参考点和参考值

参考点	L	SL	M	SH	H
参考值	0.003	0.03	0.045	0.06	0.0944

在丢失数据补偿模型中分别为 CR 和 FR 给出了 4 个和 5 个输出等级,即 $N_1=4$ 和 $N_2=5$。再根据式(3.2)构建 CR 和 FR 的初始丢失数据补偿模型,如表 3.3 和表 3.4 所示。

CR 和 FR 在丢失数据偿补模型中输出等级和参考点等级与表 3.1 和表 3.2 相同。

此时,CR 丢失数据补偿模型中第 1 条规则分别可以描述为

$$B_{CR(1)}: \text{If } CR_1(t-2) \text{ is } L \wedge CR_1(t-1) \text{ is } L,$$
$$\text{Then } CR_1(t) \text{ is } \{(L,1),(M,0),(SH,0),(H,0)\} \quad (3.30)$$
$$\text{With rule weight } 1, \text{characteristic weight } 1,1$$

表 3.3 FR 的初始丢失数据补偿模型

序号	规则权重	前提特征		置信分布
		$t-2$	$t-1$	{L,SL,M,SH,H}
1	1	L	L	(1 0 0 0 0)
2	1	L	SL	(0.7 0.3 0 0 0)
3	1	L	M	(0.6 0.4 0 0 0)
4	1	L	SH	(0.5 0.5 0 0 0)
5	1	L	H	(0.65 0.35 0 0 0)
6	1	SL	L	(0.3 0.7 0 0 0)
7	1	SL	SL	(0.2 0.8 0 0 0)
8	1	SL	M	(0.1 0.9 0 0 0)
9	1	SL	SH	(0 0.7 0.3 0 0)
10	1	SL	H	(0 0.5 0.5 0 0)
11	1	M	L	(0 0.2 0.8 0 0)
12	1	M	SL	(0 0 1 0 0)
13	1	M	M	(0 0 0.3 0.7 0)
14	1	M	SH	(0 0 0.2 0.8 0)
15	1	M	H	(0 0 0 1 0)
16	1	SH	L	(0 0 0 0.8 0.2)

序号	规则权重	前提特征		置信分布
		$t-2$	$t-1$	{L,SL,M,SH,H}
17	1	SH	SL	(0 0 0 1 0)
18	1	SH	M	(0 0 0 0.8 0.2)
19	1	SH	SH	(0 0 0 0.9 0.1)
20	1	SH	H	(0 0 0 1 0)
21	1	H	L	(0 0 0 0.8 0.2)
22	1	H	SL	(0 0 0 0.6 0.4)
23	1	H	M	(0 0 0 0.4 0.6)
24	1	H	SH	(0 0 0 0.2 0.8)
25	1	H	H	(0 0 0 0 1)

表 3.4　CR 的初始丢失数据补偿模型

序号	规则权重	前提特征		置信分布
		$t-2$	$t-1$	{L,M,SH,H}
1	1	L	L	(1 0 0 0)
2	1	L	M	(0.7 0.3 0 0)
3	1	L	SH	(0.6 0.4 0 0)
4	1	L	H	(0.5 0.5 0 0)
5	1	M	L	(0.65 0.35 0 0)
6	1	M	M	(0.3 0.7 0 0)
7	1	M	SH	(0.2 0.8 0 0)
8	1	M	H	(0.1 0.9 0 0)
9	1	SH	L	(0 0.7 0.3 0)
10	1	SH	M	(0 0.5 0.5 0)
11	1	SH	SH	(0 0.2 0.8 0)
12	1	SH	H	(0 0 1 0)
13	1	H	L	(0 0.3 0.7 0)
14	1	H	M	(0 0 0.3 0.7)
15	1	H	SH	(0 0 0.1 0.9)
16	1	H	H	(0 0 0 1)

3.4.3 WSN 健康评估模型的构建

基于丢失补偿后的监测数据,通过 WSN 健康模型进行健康状态的估算。同样由专家给出 WSN 两个特征的参考点和参考值。选取 CR 和 FR 两个特征的参考点和丢失数据补偿模型是相同的。WSN 健康状态的输出等级由专家给出三个等级,分别为低、中和高,用 L、M 和 H 表示。其参考点和参考值如表 3.5 所示。健康评估模型的第 k 条置信规则表示为

$$E_k : \text{If } CR(t) \text{ is } C_1^k \wedge FR(t) \text{ is } C_2^k,$$
$$\text{Then } H(t) \text{ is } \{(H_1, \zeta_{1,k}), (H_2, \zeta_{2,k}), (H_3, \zeta_{3,k})\} \qquad (3.31)$$
$$\text{With rule weight } \vartheta_k, \text{ characteristic weight } \nu_1, \nu_2$$

式中,$CR(t)$ 和 $FR(t)$ 表示在 t 时刻覆盖率和故障率的值;C_1^k 和 C_2^k 表示参考值。

根据表 3.1 和表 3.2 创建的健康评估模型共包含 20 条置信规则,由专家根据式(3.3)给出参数。初始健康评估模型如表 3.6 所示。

表 3.5 输出等级的参考点和参考值

参考点	L	M	H
参考值	0	0.5	1

表 3.6 无线传感器网络的初始健康评估模型

序号	规则权重	前提特征		置信分布
		CR	FR	{L,M,H}
1	1	L	L	(1 0 0)
2	1	L	SL	(0.7 0.3 0)
3	1	L	M	(0.6 0.4 0)
4	1	L	SH	(0.5 0.5 0)
5	1	L	H	(0.65 0.35 0)
6	1	M	L	(0.3 0.7 0)
7	1	M	SL	(0.2 0.8 0)
8	1	M	M	(0.1 0.9 0)
9	1	M	SH	(0 0.7 0.3)
10	1	M	H	(0 0.5 0.5)
11	1	SH	L	(0.2 0.8 0)
12	1	SH	SL	(0 1 0)
13	1	SH	M	(0 0.8 0.2)
14	1	SH	SH	(0 1 0)

序号	规则权重	前提特征		置信分布
		CR	FR	{L,M,H}
15	1	SH	H	(0 0.8 0.2)
16	1	H	L	(0 0.9 0.1)
17	1	H	SL	(0 1 0)
18	1	H	M	(0 0.8 0.2)
19	1	H	SH	(0 0.6 0.4)
20	1	H	H	(0 0.4 0.6)

此时,初始健康评估模型中第 1 条规则可以描述为

$$E_1: \text{If } CR(t) \text{ is L} \wedge FR(t) \text{ is L},$$
$$\text{Then } H(t) \text{ is } \{(L,1),(M,0),(H,0)\} \qquad (3.32)$$
$$\text{With rule weight 1, characteristic weight 1,1}$$

3.4.4　WSN 健康评估模型的训练和测试

实验中分别采集了某一时间段内的 515 组 CR 和 FR 监测数据,如图 3.2 所示。随机选取 250 组监测数据作为丢失数据补偿模型 CR 和 FR 的训练数据。

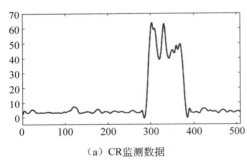

(a) CR监测数据

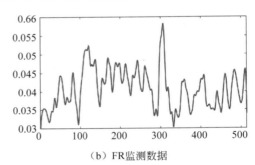

(b) FR监测数据

图 3.2　515 组监测数据

在 P-CMA-ES 算法中,将输出的置信度、规则权重和特征权重作为训练参数。在丢失数据补偿模型的 CR 和 FR 中分别包含 82 和 152 个优化参数,优化迭代次数设置为 200次。在 WSN 健康评估模型中包含 82 个优化参数,优化迭代次数设置为 300 次。

CR 丢失数据补偿模型的迭代过程如图 3.3 所示,实线表示真实的 CR 数据,虚线表示根据 $t-1$ 和 $t-2$ 时刻数据估算的 t 时刻数据,可以看出随着迭代次数的增加,真实值和估算补偿值逐渐逼近,两种曲线的变化规律逐渐一致,说明 BRB 丢失数据补偿模型能够很好地对丢失数据进行补偿,以及处理数据的非线性波动问题。

优化后的 CR 和 FR 丢失数据补偿模型分别如表 3.7 和表 3.8 所示。

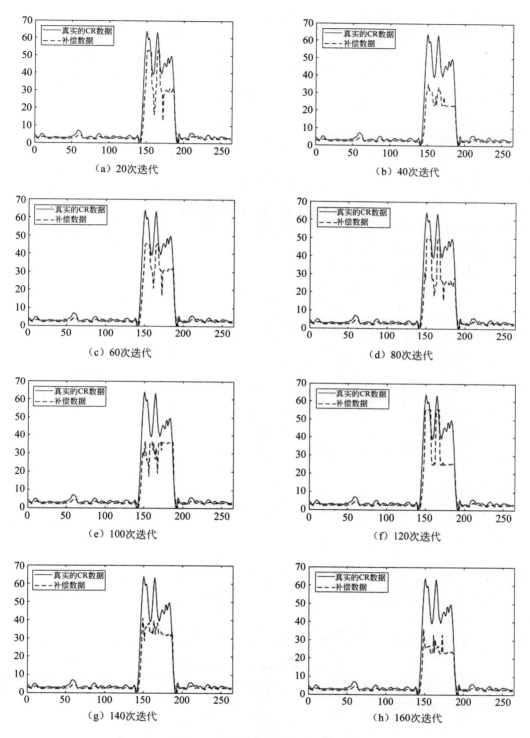

图 3.3　CR 补偿数据的优化迭代过程

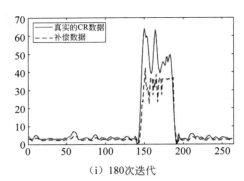

(i) 180次迭代

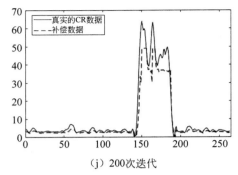

(j) 200次迭代

图 3.3（续）

表 3.7 优化后的 CR 丢失数据补偿模型

序号	规则权重	前提特征		置信分布
		$t-1$	$t-2$	{L,M,SH,H}
1	0.8316	L	L	(0.9978 0.0000 0.0031 0.0000)
2	0.0072	M	L	(0.0235 0.2545 0.4207 0.3013)
3	0.2674	SH	L	(0.2133 0.6108 0.1127 0.0633)
4	0.4298	H	L	(0.2655 0.3356 0.1351 0.2639)
5	0.5638	L	M	(0.1399 0.3479 0.3140 0.1982)
6	0.6562	M	M	(0.6748 0.14430.0999 0.0809)
7	0.9976	SH	M	(0.3610 0.4185 0.1795 0.0409)
8	0.1617	H	M	(0.0639 0.0797 0.4170 0.4395)
9	0.2354	L	SH	(0.2093 0.1954 0.1991 0.3961)
10	0.4863	M	SH	(0.3706 0.3099 0.1158 0.2037)
11	0.0041	SH	SH	(0.2349 0.0932 0.4675 0.2044)
12	0.9458	H	SH	(0.3053 0.3954 0.1969 0.1024)
13	0.3434	L	H	(0.2634 0.0960 0.3611 0.2795)
14	0.5037	M	H	(0.2245 0.4765 0.1807 0.1182)
15	0.1384	SH	H	(0.0930 0.5255 0.2749 0.1066)
16	0.6671	H	H	(0.2848 0.2335 0.3066 0.1751)

表 3.8 优化后的 FR 丢失数据补偿模型

序号	规则权重	前提特征		置信分布
		$t-1$	$t-2$	{L,SL,M,SH,H}
1	0.5331	L	L	(0.0363 0.1536 0.1381 0.5365 0.1355)
2	0.2843	SL	L	(0.3700 0.0385 0.3933 0.0634 0.1347)

序号	规则权重	前提特征		置信分布
		$t-1$	$t-2$	{L,SL,M,SH,H}
3	0.5501	M	L	(0.0586 0.1340 0.2630 0.3871 0.1573)
4	0.4842	SH	L	(0.0652 0.0463 0.2886 0.2370 0.3630)
5	0.9050	H	L	(0.0483 0.2931 0.1456 0.3692 0.1439)
6	0.3855	L	SL	(0.3732 0.0161 0.2500 0.2627 0.0980)
7	0.9668	SL	SL	(0.8223 0.0310 0.0696 0.0566 0.0204)
8	0.2927	M	SL	(0.2280 0.4650 0.2471 0.0000 0.0614)
9	0.6600	SH	SL	(0.1155 0.1970 0.3293 0.0207 0.3375)
10	0.2488	H	SL	(0.0533 0.1435 0.4641 0.1068 0.2323)
11	0.4892	L	M	(0.2103 0.0401 0.1295 0.1108 0.5093)
12	0.9183	SL	M	(0.0400 0.1549 0.2945 0.0287 0.4819)
13	0.1793	M	M	(0.2746 0.0872 0.2736 0.1726 0.1921)
14	0.6095	SH	M	(0.0846 0.3596 0.0255 0.2550 0.2753)
15	0.6825	H	M	(0.4215 0.1921 0.1603 0.1281 0.0980)
16	0.8559	L	SH	(0.0275 0.1132 0.2075 0.1425 0.5093)
17	0.1421	SL	SH	(0.0649 0.3374 0.4697 0.0421 0.0859)
18	0.3396	M	SH	(0.2072 0.0140 0.2925 0.08990.3965)
19	0.6243	SH	SH	(0.0000 0.0117 0.0503 0.1396 0.8024)
20	0.6283	H	SH	(0.1428 0.0761 0.1293 0.4683 0.1835)
21	0.0239	L	H	(0.0786 0.3210 0.0696 0.4142 0.1165)
22	0.7028	SL	H	(0.1086 0.3939 0.2139 0.1127 0.1708)
23	0.1477	M	H	(0.1959 0.1079 0.0835 0.5508 0.0620)
24	0.0556	SH	H	(0.0715 0.3855 0.0831 0.1727 0.2873)
25	0.3583	H	H	(0.0685 0.0877 0.1274 0.5104 0.2061)

在丢失数据补偿模型的训练集中，CR 和 FR 的完整数据作为训练数据。通过优化的丢失数据补偿模型进行丢失数据的补偿。CR 和 FR 的补偿估算输出值分别如图 3.4 和图 3.5 所示。

由图 3.4 和图 3.5 可知，构建的丢失数据补偿模型可以准确地估算 CR 和 FR 的丢失数据。与 FR 的丢失数据补偿模型相比，CR 的丢失数据补偿模型的估算精度要低一些，特别是当网络状态变化较大时，原因是更多因素会影响特征 CR。

根据 CR 和 FR 补偿后的数据，对 WSN 健康评估模型进行优化测试。在健康评估模

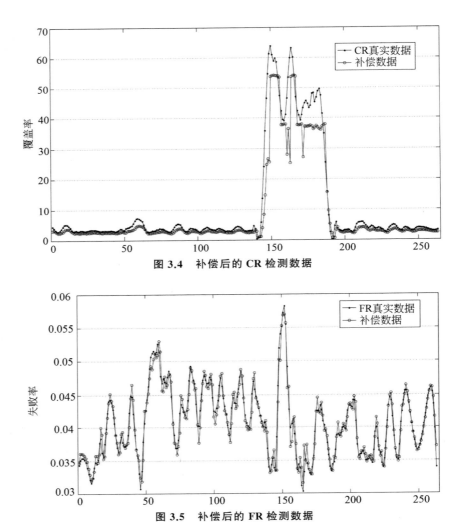

图 3.4 补偿后的 CR 检测数据

图 3.5 补偿后的 FR 检测数据

型中,使用了 250 组监测数据。其中 125 组监测数据作为训练数据,剩余 125 组监测数据作为测试数据。基于补偿后的数据,优化后的健康评估模型如表 3.9 所示。

表 3.9 优化后的无线传感器网络健康评估模型

序号	规则权重	前 提 特 征		置 信 分 布
		CR	FR	{L,M,H}
1	0.1728	L	L	(0.0218 0.5859 0.3923)
2	0.9946	L	SL	(0.6016 0.3860 0.0124)
3	0.0412	L	M	(0.3810 0.3015 0.3175)
4	0.0313	L	SH	(0.6021 0.2254 0.1725)
5	0.7107	L	H	(0.2523 0.1534 0.5943)
6	0.2760	M	L	(0.3073 0.5902 0.1025)

序号	规则权重	前提特征		置信分布
		CR	FR	{L,M,H}
7	0.0480	M	SL	(0.2619 0.4722 0.2659)
8	0.3215	M	M	(0.3463 0.6110 0.0427)
9	0.1318	M	SH	(0.1899 0.1590 0.6511)
10	0.8283	M	H	(0.0339 0.5602 0.4059)
11	0.0217	SH	L	(0.1108 0.8146 0.0746)
12	0.0000	SH	SL	(0.0106 0.8337 0.1557)
13	0.7394	SH	M	(0.0011 0.0000 0.9989)
14	0.0098	SH	SH	(0.7886 0.0317 0.1797)
15	0.2863	SH	H	(0.0046 0.8204 0.1750)
16	0.8640	H	L	(0.0000 0.1111 0.8889)
17	0.0270	H	SL	(0.1646 0.6099 0.2255)
18	0.0206	H	M	(0.5050 0.4108 0.0842)
19	0.8360	H	SH	(0.0034 0.0021 0.9945)
20	0.0574	H	H	(0.1341 0.6159 0.2500)

优化后的健康评估模型的估算健康状态如图 3.6 所示。实验中,健康评估模型的输入是丢失数据补偿后的数据,因此无论监测数据是否发生丢失,WSN 都可以根据历史数据进行评估。在图 3.6 中,带圆点的线表示实际的健康状态值,带圆圈的线表示根据本书提出的 BRB 数据补偿模型进行数据补偿后的健康状态评估值,带三角形的线表示根据平均值进行数据补偿后的健康状态评估值。可以看出用平均值得到的丢失补偿数据无法准确地评估 WSN 的健康状态。当 WSN 的健康状态变化较大时,平均值补偿方法的准确性会受

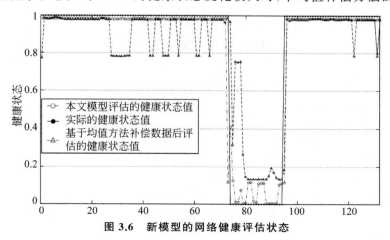

图 3.6　新模型的网络健康评估状态

到很大影响。这是因为平均值补偿方法仅仅是根据历史数据进行丢失数据的估算,而当WSN的健康状态改变时,WSN的监测数据发生不规则变化和波动,因此,在BRB丢失数据补偿过程中,引入专家知识来考虑WSN的整体状态和周期。另外,由于专家知识的不确定性和模糊性,需要利用监测数据和优化模型对专家构建的初始模型进行调整。

可以看出优化后的健康评估模型能够精确地评估WSN的健康状态。优化后的健康评估模型的均值方差是0.0142。实验运行50次后,均值方差MSEs的平均值是0.0919,均值方差MSEs的方差是0.0138。

3.5 本章小结

WSN是监测复杂系统运行状态的重要手段,其健康状态直接与系统运行状态监测的准确性紧密相关。在WSN的健康评估中,少量的监测数据、系统的复杂性、数据的丢失都会影响健康评估的准确性。为了解决这三个问题并准确评估健康状态,本书提出的WSN健康评估模型由两部分构成,即基于BRB模型的丢失数据补偿模型和基于BRB模型的健康评估模型。

由于WSN系统和监测方法的复杂性,可能不能完整地采集监测数据,导致专家无法直接构建精确的模型。为解决该问题,基于BRB模型构建了融合定量数据和定性知识的健康评估模型。

在数据传输过程中,环境干扰因素会影响数据的有效传输,导致监测数据特征的丢失,监测数据会受环境干扰因素的影响,引起不规则波动。针对WSN健康评估中的数据丢失问题,提出了一种基于BRB模型的丢失数据补偿模型,该模型同时以历史数据和专家知识作为模型输入,丢失补偿数据作为模型输出。

BRB模型是由专家确定初始模型和参数值的专家系统,但由于专家知识的不确定性和模糊性,初始健康评估模型无法精确评估健康状态,本书提出基于P-CMA-ES算法的优化模型,该模型由丢失数据补偿优化模型和健康评估优化模型组成。

3.6 参考文献

[1] JIN X,CHOW T W S,SUN Y,et al. Kuiper test and autoregressive model-based approach for wireless sensor network fault diagnosis[J]. Wireless Networks,2015,21(3):829-839.

[2] YIN X J,WANG Z L,ZHANG B C,et al. A double layer BRB model for dynamic health prognostics in complex electromechanical system[J]. IEEE Access,2017(5):23833-23847.

[3] FENG Z C,ZHOU Z J,HU C H,et al. Fault diagnosis based on belief rule base with considering attribute correlation[J]. IEEE Access,2017(6):2055-2067.

[4] LI G L,ZHOU Z J,HU C H,et al. A new safety assessment model for complex system based on the conditional generalized minimum variance and the belief rule base[J]. Safety Sciences,2017(93):108-120.

[5] ZHAO F J,ZHOU Z J,HU C H,et al. A new evidential reasoning-based method for online safety assessment of complex systems[J]. IEEE Transactions on Systems,Man and Cybernetics: Systems, 2016,48(6): 954-966.

[6] FENG Z C,ZHOU Z J,YANG R H,et al. Fault-tolerant control based on belief rule base expert system for multiple sensors concurrent failure in liquid launch vehicle[J]. Nonlinear Dynamics,2022, 111(5): 4357-4373.

[7] MUDZIWEPASI S K,SCOTT M S. Assessment of a wireless sensor network based monitoring tool for zero effort technologies: a cattle-health and movement monitoring test case[C]. IEEE International Conference on Adaptive Science & Technology,2014: 1-6.

[8] Oh T,CHOI Y B,RYOO J,et al. Security management in wireless sensor networks for healthcare[J]. International Journal of Mobile Communications,2011,9(2): 187-207.

[9] SUN G W,HE W,ZHU H L,et al. A wireless sensor network node fault diagnosis model based on belief rule base with power set[J]. Heliyon,2022,8(10): e10879.

[10] CHANG L L,ZHOU Z J,YOU Y,et al. Belief rule based expert system for classification problems with new rule activation and weight calculation procedures[J]. Information Sciences,2016(336): 75-91.

[11] CHEN Y W,YANG J B,XU D L,et al. On the inference and approximation properties of belief rule based systems[J]. Information Sciences,2013(38): 121-135.

[12] XU D L,LIU J,YANG J B,et al. Inference and learning methodology of belief-rule-based expert system for pipeline leak detection[J]. Expert Systems with Applications,2007,32(1): 103-113.

[13] XU X B,ZHENG J,XU D L,et al. Information fusion method for fault diagnosis based on evidential reasoning rule[J]. Journal of Control Theory and Applications,2015(32): 1170-1182.

[14] FENG Z C,ZHOU Z J,HU C H,et al. A new belief rule base model with attribute reliability[J]. IEEE Transactions on Fuzzy Systems,2019(27): 903-916.

[15] XU X Y,HE X,AI Q,et al. A correlation analysis method for power systems based on random matrix theory[J]. IEEE Transactions on Smart Grid,2015,8(4): 1811-1820.

[16] YANG J B,LIU J,WANG J,et al. Belief rule-base inference methodology using the evidential reasoning approach-RIMER [J]. IEEE Transactions System Man Cybernetics Part A-System Humans,2006(36): 266-285.

[17] YANG J B,LIU J,XU D L,et al. Optimization models for training belief-rule-based systems[J]. IEEE Transactions System Man Cybernetics Part A—System Humans,2007(37): 569-585.

[18] YANG J B,SINGH M G. An evidential reasoning approach for multiple-attribute decision making with uncertainty[J]. IEEE Transactions System Man Cybernetics Part A—System Humans,1994 (24): 1-18.

[19] YANG J B,XU D L. Evidential reasoning rule for evidence combination[J]. Artificial Intelligence, 2013(205): 1-29.

[20] ZHOU Z J,HU C H,YANG J B,et al. A sequential learning algorithm for online constructing belief-rule-based systems[J]. Expert Systems with Applications,2010(37): 1790-1799.

[21] HU G X,HE W,SUN C,et al. Hierarchical belief rule-based model for imbalanced multi-classification [J]. Expert Systems with Applications,2023(216): 119451.

[22] ZHOU Z J,CHANG L L,HU C H,et al. A new BRB-ER-based model for assessing the lives of products using both failure data and expert knowledge[J]. IEEE Transactions on Systems,Man and

Cybernetics：Systems,2016,46(11)：1529-1543.

[23] ZHOU Z J,HU C H,HU G Y,et al. Hidden behavior prediction of complex systems under testing influence based on semi-quantitative information and belief rule base[J]. IEEE Transactions on Fuzzy Systems,2015,23(6)：2371-2386.

[24] CAOY,ZHOU Z J,HU C H,et al. On the interpretability of belief rule based expert systems[J]. IEEE Transactions on Fuzzy Systems,2021,29(11)：3489-3503.

[25] FENG Z C,HE W,ZHOU Z J,et al. A new safety assessment method based on belief rule base with attribute reliability[J]. IEEE/CAA Journal of Automatica SINICA,2021,8(11)：1774-1785.

第4章 数据不可靠状态下无线
传感器网络健康评估

4.1 引　言

WSN 已被广泛应用于森林火灾监测、环境监测、搜索和救援行动以及天气监测等工程实践中,为系统的健康评估采集关键特征的监测数据。WSN 作为高度多样化的网络物理系统,容易受到许多故障的影响,这可能对安全、经济,以及系统的可靠性造成破坏。WSN 的可靠性和稳定性直接影响系统健康评估的准确性,是使用 WSN 的必要条件之一[1-4]。

在实际工作环境中,监测数据被融合后,生成传感器网络的健康状态和其他特征[5-8]。WSN 健康评估已取得的研究成果可以分为三类,即基于监测数据的方法、基于专家知识的方法和基于半定量信息(监测数据＋专家知识)的方法[9-10]。文献[1]讨论了 WSN 的安全威胁、需求和解决方案,开发了用于医疗保健的 WSN 安全评估框架;文献[11]提出了一种基于自回归模型的传感器网络故障诊断方法;文献[12]提出了一种利用不确定概率数据进行故障诊断的鲁棒性传感器网络。

现有研究存在以下三个问题。

(1) 可用故障数据较少。由于现代制造业工艺的高可靠性,WSN 在实际工程应用中,传感器发生故障的概率很低,可采集的故障数据很少[13-15],导致 WSN 采集的监测数据大多来自标准样本数据,无法为准确地构建健康评估模型提供足够的故障数据,需要额外的信息进行 WSN 的健康评估。

(2) 复杂的系统机理。复杂系统具有非线性、不稳定性、不确定性、不可预测性和突显性等特征。当 WSN 被用于监测复杂系统的运行状态时,传感器安装位置的范围十分广泛,实际应用中会有多种干扰因素影响 WSN 的健康状态,致使专家无法提供准确的专家知识。

(3) 数据可靠度下降。在工程实践中,WSN 采集的系统信息会受到环境的干扰,监测数据中存在噪声,即监测数据不能准确地反映系统的状态,数据的可靠性下降,存在未知的不确定性数据[16]。

综上分析,为提高 WSN 健康评估的准确性,急需解决缺少故障监测数据、系统高复杂性和数据可靠度下降等问题。

置信规则库(belief rule base,BRB)模型是一种基于 IF-THEN 规则、模糊理论和证据推理(evidential reasoning,ER)构建的,充分融合了定量数据和专家定性知识的专家系统[17-18]。BRB 模型的初始假设是前提特征属性的输入值是完全可靠的。Feng 等[13]为增强 BRB 模型的可用性,提出将前提特征属性可靠度机理引入 BRB 模型,建立了 BRB-r 模型。当前提特征属性完全可靠时,BRB 模型是 BRB-r 模型的特例,属性可靠度机理用来表示系统监测的前提特征数据的可靠度。BRB-r 模型的提出,为解决 WSN 评估存在的上述三个问题提供了可行的解决方案。

根据对 WSN 的前提特征属性的分析,本书提出一种基于监测数据平均距离的属性可靠度的计算方法,并在此基础上构建了基于 BRB-r 的 WSN 健康评估模型,通过引入属性可靠度机理解决系统运行环境中存在的噪声干扰因素。最后,针对专家知识的模糊性和不确定性的缺陷,建立了基于投影协方差矩阵自适应进化策略(projection covariance matrix adaption evolution strategy,P-CMA-ES)算法的优化模型[19]。由于 BRB-r 模型的参数具有特殊的物理意义,健康评估模型的参数在设定的约束条件下进行优化[20-22]。

专家知识的模糊性和不确定性之间具有区别和联系。在 WSN 的健康评估模型中,模糊性是指专家对事件本身程度描述的不确定性。例如,WSN 的健康状态被描述为很好或很差,但到底多好是很好、多差是很差是一个比较模糊的概念。不确定性意味着可能会出现若干个类型的输出结果,但不确定到底会发生哪种结果。与此同时,模糊性也是认知因素的不确定性的一种表现。

4.2 问题描述

WSN 健康状态是一个综合状态,可以为系统的维护提供决策支持。本节描述了实际工程应用中 WSN 健康评估存在的问题,并基于 BRB-r 模型提出新的 WSN 健康评估模型。

4.2.1 数据不可靠下健康评估的问题描述

在实际工程应用中,WSN 健康评估存在的问题总结如下。

受到干扰因素的影响,监测的数据量较少。由于传感器制造工艺的高可靠性和低失效率,导致 WSN 的故障数据量较少,无法提供足够的信息来构建准确的健康评估模型[1]。同时,系统复杂的干扰因素的影响,也为建立精确的 WSN 健康评估数学模型带来了挑战,如何将采集到的监测数据和专家知识进行融合是第一个要解决的问题。

在融合监测数据和专家知识的过程中,由于专家知识存在的模糊性、不确定性和不完整性,以及监测数据的不可靠性,增加了健康状态评估的难度[13],如何构建如式(4.1)所示的非线性健康评估模型是第二个需要解决的问题。

$$H(t) = \Psi[x_1(t), x_2(t), \cdots, x_M(t), e, v] \tag{4.1}$$

式中,$H(t)$ 表示在 t 时刻对 WSN 健康状态的评估值;Ψ 表示健康评估模型的非线性函数;$x_1(t), x_2(t), \cdots, x_M(t)$ 表示在 t 时刻 WSN 的 M 个前提特征属性值;e 表示健康评估模型中的领域专家提供的知识;v 表示模型中的未知因素。

在复杂的 WSN 中,专家无法提供完全准确的专家知识。当健康评估模型中包含了不确定性的专家知识,健康评估的精度自然受到影响,如何调整专家给出的健康评估模型是需要解决的第三个问题。

4.2.2 基于 BRB-r 的健康评估模型的描述

为解决 WSN 健康评估存在的三个问题,本书基于 BRB-r 模型提出一种新的 WSN 健康评估模型。其中第 k 条置信规则表示为

$$
\begin{aligned}
R_k : &\text{If } x_1(t) \text{ is } A_1^k \wedge x_2(t) \text{ is } A_2^k \wedge \cdots \wedge x_M(t) \text{ is } A_M^k, \\
&\text{Then } H(t) \text{ is } \{(D_1, \beta_{1,k}), \cdots, (D_N, \beta_{N,k}), (D, \beta_{D,k})\} \\
&\text{With rule weight } \theta_k, \text{ attribute weight } \delta_1, \cdots, \delta_M, \\
&\text{attribute reliability } r_1, \cdots, r_M
\end{aligned} \tag{4.2}
$$

式中,R_k 表示第 k 条置信规则;$x_1(t), x_2(t), \cdots, x_M(t)$ 表示在 t 时刻 WSN 的 M 个前提特征属性;$A_1^k, A_2^k, \cdots, A_M^k$ 表示 M 个特征对应的参考点(参考点的值是由专家根据经验和知识给出的,不同的特征点代表不同的含义,在 BRB-r 模型中用参考点将输入的特征监测数据转换为统一的数据格式);$H(t)$ 表示在 t 时刻健康状态的评估结果;$\{(D_1, \beta_{1,k}), \cdots,$ $(D_N, \beta_{N,k}), (D, \beta_{D,k})\}$ 表示第 k 条置信规则的输出结果;$\{D_1, D_2, \cdots, D_N\}$ 表示输出的 N 个健康评估等级;$\{\beta_{1,k}, \beta_{2,k}, \cdots, \beta_{N,k}\}$ 是每个健康等级对应的置信度[23],第 n 个健康等级的置信度表示 WSN 健康状态在这个等级的可能性;$\beta_{D,k}$ 表示剩余的未知置信度,这些未知的置信度应该分配给哪些健康等级是不确定的,即根据采集到的信息,剩余的未知置信度表示置信规则不能区分传感器网络健康状态的可能性[24-26];满足约束条件 $\sum_{n=1}^{N} \beta_{n,k} + \beta_{D,k} = 1$;$\theta_k$ 表示第 k 条置信规则的权重值;$\delta_1, \cdots, \delta_M$ 表示 M 个输入特征的权重值,$r_1, \cdots, r_M$ 是输入特征对应的可靠度值。

为解决 WSN 健康评估中属性可靠度下降的问题,本书提出的基于 BRB-r 模型的 WSN 健康评估模型框架如图 4.1 所示。

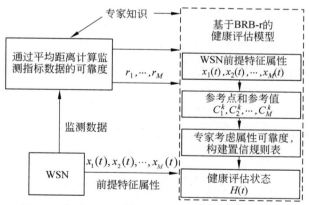

图 4.1　基于 BRB-r 模型的 WSN 健康评估模型框架

4.3　数据不可靠下无线传感器网络健康评估模型的构建

本节给出了 WSN 健康评估模型的构建过程。4.3.1 小节给出了 WSN 前提特征属性可靠度的计算方法;4.3.2 小节给出了健康评估模型的推导过程;4.3.3 小节建立了健康评

估模型的优化模型;4.3.4 小节总结了 WSN 健康评估模型的建模方法。

4.3.1　利用平均距离计算特征的可靠度

WSN 的监测数据会随着系统状态的变化而变化,当系统状态发生变化时,WSN 采集的监测数据也随之变化。假定系统是稳定的,系统状态从某一时刻开始稳定后,WSN 的监测数据应保持在一定的范围区间内变化。但如果 WSN 受到环境干扰因素的影响,采集到的监测数据会发生波动,数据的可靠性会下降。受到工程环境的影响,包含噪声的监测数据将无法准确地反映系统的真实状态。计算前提特征属性的可靠度有多种方法,包括基于统计的方法和基于专家知识的方法等。用 WSN 监测系统的状态数据,监测数据会根据系统的状态而改变,而现有的基于统计的特征可靠度计算方法都是假设系统状态是不发生变化的,所以不适合用于计算 WSN 特征的可靠度。

监测数据之间的距离可被用于计算被监测特征属性的可靠度[26]。假设系统环境引起的干扰因子不变,特征可靠度为常数,本书提出利用平均距离方法计算 WSN 特征属性的可靠度,过程如下。

(1)无线传感器网络的 M 个特征的第 i 个特征 x_i 在 T 个监测时间点的监测数据表示为 $x_i(1),\cdots,x_i(t),\cdots,x_i(T),i\in\{1,\cdots,M\}$。

(2)第 i 个特征的第 t 个监测数据与第 t' 个监测数据的距离由如下公式计算得出。

$$d_i[x_i(t),x_i(t')] = |x_i(t)-x_i(t')| \tag{4.3}$$

式中,$t,t'\in\{1,\cdots,T\}$,T 是第 i 个无线传感器网络特征所采集的监测数据数量;$x_i(t)$ 和 $x_i(t')$ 表示监测数据的值。

(3)第 i 个特征的第 t 个监测数据与所有监测数据的平均距离 $D^i_{x_i(t)}$ 由如下公式计算得出。

$$D^i_{x_i(t)} = \frac{1}{T}\sum_{t'=1}^{T}d_i[x_i(t),x_i(t')] \tag{4.4}$$

(4)第 i 个特征的第 t 个监测数据的可靠度 r^i_t 由式(4.5)计算而得。

$$r^i_t = \frac{D^i_{x_i(t)}}{\max(D^i_{x_i(t')})}, \quad t'\in\{1,\cdots,T\} \tag{4.5}$$

(5)利用上述演算和推导过程,无线传感器网络的第 i 个特征的平均可靠度 r_i 由如下公式计算而得出[26]。

$$r_i = \frac{1}{T}\sum_{t=1}^{T}r^i_t, \quad i=1,2,\cdots,M \tag{4.6}$$

式中,r_i 是无线传感器网络的第 i 个特征的平均可靠度;M 是无线传感器网络特征的数量。

监测特征数据的可靠度表示 WSN 工作过程中受到干扰的程度,数值越大表示可靠度越高,数值越小表示可靠度越低。如果 WSN 具有多个工作状态,则应在不同阶段计算不可靠的监测数据量,波动范围也应根据工作状态确定。

4.3.2　基于 BRB-r 的健康评估模型的推导

基于 BRB-r 的 WSN 健康评估模型的推导过程如下。

（1）计算前提特征属性的监测数据和置信规则之间的匹配度。由于采集的监测数据具有不同的数据格式，无法直接进行融合，所以先利用如下公式将特征的监测数据转换为特征参考点的匹配度。

$$
m_j^i = \begin{cases} \dfrac{A_{i(k+1)} - x_i^*(t)}{A_{i(k+1)} - A_{ik}}, & j = k, \ A_{ik} \leqslant x_i^*(t) \leqslant A_{i(k+1)} \\[2mm] \dfrac{x_i^*(t) - A_{ik}}{A_{i(k+1)} - A_{ik}}, & j = k+1 \\[2mm] 0, & j = 1,2,\cdots,L, \ j \neq k, k+1 \end{cases} \tag{4.7}
$$

式中，m_j^i 表示第 i 个特征和第 j 条规则之间的匹配度；A_{ik} 和 $A_{i(k+1)}$ 分别是第 i 个特征在第 k 和 $k+1$ 条规则中的参考等级所对应的参考值，其中参考等级和参考值均是由专家根据监测数据的特征给出的；$x_i^*(t)$ 表示第 i 个特征在 t 时刻的监测数据；L 表示构建的模型中第 i 个特征的置信规则数量[27-30]。

第 k 条置信规则和第 i 个无线传感器网络特征之间的匹配度可由如下公式计算得出。

$$
\bar{\delta}_i = \frac{\delta_i}{\max\limits_{i=1,\cdots,T_k}\{\delta_i\}}, \quad 0 \leqslant \bar{\delta}_i \leqslant 1 \tag{4.8}
$$

$$
C_i = \frac{\bar{\delta}_i}{1 + \bar{\delta}_i - r_i}, \quad i = 1,2,\cdots,M \tag{4.9}
$$

$$
m_k = \prod_{i=1}^{M} (m_k^i)^{C_i} \tag{4.10}
$$

式中，m_k 表示第 k 条置信规则和第 i 个无线传感器网络特征之间的匹配度；$\bar{\delta}_i$ 是第 i 个传感器网络特征的相对权重值；M 是健康评估模型中特征的数量[13]；C_i 是同时考虑特征权重 $\bar{\delta}_i$ 和特征可靠度 r_i 得到的新的特征权重。

（2）计算置信规则的激活权重值。当计算出网络特征与参考点之间的匹配度后，则置信规则的有效性便可以用其相应的激活权重值来表示，通过如下公式计算得出。

$$
w_k = \frac{\theta_k m_k}{\sum\limits_{l=1}^{L} \theta_l m_l}, \quad k = 1,\cdots,L \tag{4.11}
$$

式中，w_k 表示第 k 条置信规则的激活权重值；θ_k 表示第 k 条置信规则的规则权重值[19-21]。

（3）融合置信规则的输出值，计算得到传感器网络的健康状态值。健康评估模型中每条置信规则都有对应的输出置信度，将其融合后得到无线传感网络的评估健康状态。置信规则输出的置信度通过 ER 解析算法进行融合。

$$
\beta_n = \frac{\mu\left[\prod\limits_{k=1}^{L} \left(w_k \beta_{n,k} + 1 - w_k \sum\limits_{j=1}^{N} \beta_{j,k} \right) - \prod\limits_{k=1}^{L} \left(1 - w_k \sum\limits_{j=1}^{N} \beta_{j,k} \right) \right]}{1 - \mu\left[\prod\limits_{k=1}^{L} (1 - w_k) \right]} \tag{4.12}
$$

$$
\mu = \left[\sum_{n=1}^{N} \prod_{k=1}^{L} \left(w_k \beta_{n,k} + 1 - w_k \sum_{j=1}^{N} \beta_{j,k} \right) - (N-1) \prod_{k=1}^{L} \left(1 - w_k \sum_{j=1}^{N} \beta_{j,k} \right) \right]^{-1} \tag{4.13}
$$

式中，β_n 表示在 t 时刻第 n 个健康等级 D_n 的评估值，满足 $\sum_{n=1}^{N} \beta_n \leqslant 1$。当健康评估模型的输出完成后，$\sum_{n=1}^{N} \beta_n = 1$；否则，$\sum_{n=1}^{N} \beta_n < 1$。

在 t 时刻无线传感器网络健康状态的评估值可由如下式计算得出。

$$H(t) = \sum_{n=1}^{N} u(D_n)\beta_n \tag{4.14}$$

式中，$H(t)$ 表示 t 时刻传感器网络健康状态的评估值；$u(D_n)$ 表示第 n 个健康等级 D_n 效用值，其值是由专家根据后续维护决策的需求给定的。

4.3.3 初始健康评估模型的优化

基于 BRB-r 模型构建的无线传感器网络健康评估模型是一种专家系统。由专家构建了初始的健康评估模型，并给出了所有前提特征属性的参考点和参考值、置信规则的输出置信等级和效用值、特征权重值以及规则权重值等。但是，由于专家知识的模糊性和不确定性，在实际工作环境中初始的健康评估模型无法准确地评估 WSN 的健康状态，所以需要利用采集到的监测数据来优化调整初始健康评估模型的参数。此外，鉴于 BRB-r 模型最大的优点是它的可解释性，所以需要在优化建模过程中设置必要的约束条件。

健康评估模型的优化模型包含单一的优化目标，是一个约束优化模型。本书提出 P-CMA-ES 算法解决 BRB-r 模型的梯度扩散问题，构建了 WSN 评估模型的优化模型。

均方误差（mean square error，MSE）表示健康评估模型的输出状态值和真实的健康状态值之间的误差值，可用于表示模型的评估精度，由如下公式计算得出[13]。

$$\text{MSE} = \frac{1}{T} \sum_{t=1}^{T} \left[\text{output}_{\text{estimated}}(t) - \text{output}_{\text{actual}}(t) \right]^2 \tag{4.15}$$

式中，T 表示采集到的监测数据的数量；$\text{output}_{\text{estimated}}(t)$ 和 $\text{output}_{\text{actual}}(t)$ 分别表示在 t 时刻健康评估模型的输出状态值和实际模型的状态值。

为保证 WSN 健康评估模型参数的可解释性和物理含义，设置如下约束条件：

$$0 \leqslant \theta_k \leqslant 1, \quad k = 1, 2, \cdots, L \tag{4.16}$$

$$0 \leqslant \delta_i \leqslant 1, \quad i = 1, 2, \cdots, t-1 \tag{4.17}$$

$$0 \leqslant \beta_{n,k} \leqslant 1, \quad n = 1, 2, \cdots, N, \quad k = 1, 2, \cdots, L \tag{4.18}$$

$$\sum_{n=1}^{N} \beta_{n,k} \leqslant 1, \quad k = 1, 2, \cdots, L \tag{4.19}$$

健康评估模型的优化目标为

$$\min \text{MSE}(\theta_k, \beta_{n,k}, \delta_i) \tag{4.20}$$

式中，各参数必须满足式（4.16）～式（4.19）的约束条件。

无线传感器网络健康评估模型的输出值 $\text{output}_{\text{estimated}}(t)$ 是由式（4.14）计算得到的，真实的健康状态值 $\text{output}_{\text{actual}}(t)$ 是由专家根据系统的机理分析给出的。

BRB-r 模型的优化问题是具有约束条件的全局优化问题，P-CMA-ES 算法能够较好地解决高维非线性优化问题,如图 4.2 所示。

(1) 初始化。根据 BRB-r 模型参数集 ε^0,定义初始参数种群。将种群中解的数量定义为 PNUM,最优子群中解的数量定义为 DNUM,最大演化次数定义为 GMAX。

(2) 抽样。定义期望值,即最优子群中解的平均值。基于正态分布生成总体,可以描述为

$$\varepsilon_i^{g+1} = \text{mean}^g + \lambda^g N(0, C^g) \tag{4.21}$$

式中,ε_i^{g+1} 是第 $g+1$ 代中的第 i 个解;mean^g,$\text{mean}^0 = \varepsilon^0$ 是第 g 代群体中最优子群解的平均值;λ^g 是第 g 代进化步骤;$N(\cdot)$ 是一个正态分布函数;C^g 是第 g 代协方差矩阵。

(3) 投影。每个等式约束执行投影操作可以描述为

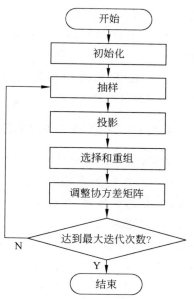

55

图 4.2 P-CMA-ES 优化流程图

$$\varepsilon_i^{g+1}(1 + \text{vnum} \times (\text{enum} - 1) : \text{vnum} \times \text{enum})$$
$$= \varepsilon_i^{g+1}(1 + \text{vnum} \times (\text{enum} - 1) : \text{vnum} \times \text{enum}) - V^{\text{T}} \times (V \times V^{\text{T}})^{-1}$$
$$\times \varepsilon_i^{g+1}(1 + \text{vnum} \times (\text{enum} - 1) : \text{vnum} \times \text{enum}) \times V \tag{4.22}$$

式中,$\text{vnum} = (1 \cdots R)$ 是不等式约束的变量数;$\text{enum} = (1 \cdots R+1)$ 是解决中的约束数;$V = [1 \cdots 1]_{1 \times N}$ 是方程的参数向量。

(4) 选择和重组。选择包含 DNUM 个解的最优子群。解平均值可以描述为

$$\text{mean}^{g+1} = \sum_{i=1}^{\text{DNUM}} \mu_i \varepsilon_i^{g+1}, \quad \sum_{i=1}^{\text{DNUM}} \mu_i = 1 \tag{4.23}$$

式中,$\mu_i (i = 1, \cdots, \text{DNUM})$ 表示最优子群中第 i 个解的权重。

(5) 调整协方差矩阵。计算第 $g+1$ 代的协方差矩阵,并获取进化搜索的范围和方向。过程可以描述为

$$C^{g+1} = (1 - s_1 - s_{\text{DNUM}}) C^g + s_1 p_c^{g+1} (p_c^{g+1})^{\text{T}}$$
$$+ s_{\text{DNUM}} \sum_{i=1}^{\text{DNUM}} \mu_i \left(\frac{\varepsilon_i^{g+1} - \text{mean}^g}{\lambda^g} \right) \times \left(\frac{\varepsilon_i^{g+1} - \text{mean}^g}{\lambda^g} \right)^{\text{T}} \tag{4.24}$$

$$p_c^{g+1} = (1 - s_c) p_c^g + \sqrt{s_c (2 - s_c) \left(\sum_{i=1}^{\text{DNUM}} \mu_i^2 \right)^{-1}} \times \frac{\text{mean}^{g+1} - \text{mean}^g}{\lambda^g} \tag{4.25}$$

$$\lambda^{g+1} = \lambda^g \exp \left[\frac{s_\lambda}{k_\lambda} \left(\frac{\| p_\xi^{g+1} \|}{E \| N(0, I) \|} - 1 \right) \right] \tag{4.26}$$

$$p_\lambda^{g+1} = (1 - s_\lambda) p_\lambda^g + \sqrt{s_\lambda (2 - s_\lambda) \left(\sum_{i=1}^{\text{DNUM}} \mu^2 \right)^{-1}} \times C^{g - \frac{1}{2}} \times \frac{\text{mean}^{g+1} - \text{mean}^g}{\lambda^g} \tag{4.27}$$

式中,s_1、s_{DNUM}、s_c、s_λ 表示学习效率;p_c^g,$p_c^0 = 0$ 表示第 g 代中协方差矩阵的演化路径;p_λ^g、$p_\lambda^0 = 0$ 表示第 g 代中进化的步长;k_λ 表示采样因子;$E \| N(0, I) \|$ 是正常分布 $N(0, I)$ 的

期望值;I 是一个单元矩阵。

（6）结束条件判断。如果种群的最大进化迭代达到 GMAX,则终止优化。否则,返回第(2)步。

为解决 BRB-r 模型的等式约束问题,本书通过投影运算实现等式约束的转换,给出 P-CMA-ES 优化模型。

4.3.4　健康评估模型的建模过程

WSN 健康评估模型的建模过程包括训练和测试两部分,建模过程如下。

（1）采集监测数据,并构建 WSN 前提特征属性数据集。在健康评估模型中,通过 WSN 采集监测数据,并选取关键特征作为 BRB-r 模型的输入数据集。

（2）根据 4.2.1 小节提出的方法计算特征的可靠度,并根据专家知识按照 4.2.2 小节的健康评估模型推导过程构建初始的健康评估模型。领域专家根据 WSN 实际的工作环境分析,给出置信规则输出的置信度、参考点、特征权重值和规则权重值等参数的初始值。

（3）利用优化模型对初始 WSN 健康评估模型进行优化。训练过程中,健康评估模型的参数需要满足 4.2.3 小节列出的所有约束条件。

（4）测试优化后的健康评估模型。当健康评估模型训练优化完成后,通过测试数据进行模型的验证。前提特征属性的可靠度是客观存在的,不会受到测试数据和训练数据的影响。

4.4　无线传感器网络健康指标可靠度敏感性分析

基于 4.3 节的 WSN 健康评估建模过程,为了定量分析 WSN 健康评估模型中特征可靠度的有效性,并实现从模型输出和模型可靠度到属性可靠度的可追溯性,本节针对 BRB-r 模型中的属性可靠度,分别从评估结果相对于指标可靠度、评估结果相对于指标权重和模型可靠度相对于属性可靠度这三个方面进行敏感性分析。

当 BRB-r 模型使用证据推理(evidential reasoning,ER)算法融合指标前提特征时,是不受规则融合顺序影响的。在 WSN 的 BRB-r 模型中,属性可靠度被用作参数,并且 BRB-r 的输出结果的置信度受属性可靠度的影响。

4.4.1　评估结果相对于指标可靠度的敏感性分析

在基于 BRB-r 的 WSN 健康评估模型中,不同参数在输出置信度上具有不同的有效性。针对 WSN 健康评估模型的输出结果,选取覆盖率和故障率两个健康评估指标,进行指标可靠度的敏感性分析。

假设 BRB-r 模型中存在 L 条独立的信念规则、2 个输出结果和 2 个独立属性。为了说明敏感性分析的过程,从评估模型中随机选择 2 条规则,并通过 ER 算法进行融合。评价结果置信度对属性可靠度的敏感性推导如下。

根据式(4.2),从 BRB-r 模型中选择的 2 条置信规则分别描述如下:

$$\text{If } A_1^1 \wedge A_1^2 \text{ Then } (D_1,\beta_{11}), (D_2,\beta_{21}), \text{ with matching degree } \alpha_1 \quad (4.28)$$

$$\text{If } A_1^1 \wedge A_1^2 \text{ Then } (D_1,\beta_{12}), (D_2,\beta_{22}), \text{ with matching degree } \alpha_2 \quad (4.29)$$

式中,假定 2 条规则是完备的,并且满足约束条件 $\sum_{k=1}^{2} w_k = 1$。

基于 ER 的迭代算法,可得到:

$$p_{n,\text{br}(2)} = K_{\text{br}(2)} \left[p_{n,1} p_{n,2} + p_{n,1} p_{D,2} + p_{D,1} p_{n,2} \right], \quad n=1,2 \quad (4.30)$$

$$p_{D,\text{br}(2)} = \bar{p}_{D,\text{br}(2)} + \tilde{p}_{D,\text{br}(2)} \quad (4.31)$$

$$\tilde{p}_{D,\text{br}(2)} = K_{\text{br}(2)} \left[\tilde{p}_{D,\text{br}(1)} \tilde{p}_{D,2} + \tilde{p}_{D,\text{br}(1)} \bar{p}_{D,2} + \bar{p}_{D,\text{br}(1)} \tilde{p}_{D,2} \right] \quad (4.32)$$

$$\bar{p}_{D,\text{br}(2)} = K_{\text{br}(2)} \left[\bar{p}_{D,\text{br}(1)} \bar{p}_{D,2} \right] \quad (4.33)$$

$$K_{\text{br}(2)} = \left[1 - p_{1,1} p_{2,2} - p_{2,1} p_{1,2} \right]^{-1} \quad (4.34)$$

式中,$p_{D,\text{br}(2)}$ 是两个指标融合后剩余的基本概率质量。

融合后输出结果的置信度为

$$\beta_n = \frac{p_{n,\text{br}(2)}}{1 - \bar{p}_{D,\text{br}(2)}}, \quad n=1,2 \quad (4.35)$$

$$B(r) = \begin{bmatrix} \dfrac{\partial \beta_1}{\partial r_1} & \dfrac{\partial \beta_1}{\partial r_2} \\[2mm] \dfrac{\partial \beta_2}{\partial r_1} & \dfrac{\partial \beta_2}{\partial r_2} \end{bmatrix} \quad (4.36)$$

基于式(4.37),$\beta_j (j=1,2)$ 相对于 $r_i (i=1,2)$ 的一阶偏导数表示为

$$B(r) = N \times W \quad (4.37)$$

式中,

$$N = \begin{bmatrix} \dfrac{\partial \beta_1}{\partial p_{1,\text{br}(2)}} & 0 & \dfrac{\partial \beta_1}{\partial \bar{p}_{D,\text{br}(2)}} \\[2mm] 0 & \dfrac{\partial \beta_2}{\partial p_{2,\text{br}(2)}} & \dfrac{\partial \beta_2}{\partial \bar{p}_{D,\text{br}(2)}} \end{bmatrix}, \quad W = \begin{bmatrix} \dfrac{\partial p_{1,\text{br}(2)}}{\partial r_1} & \dfrac{\partial p_{1,\text{br}(2)}}{\partial r_2} \\[2mm] \dfrac{\partial p_{2,\text{br}(2)}}{\partial r_1} & \dfrac{\partial p_{2,\text{br}(2)}}{\partial r_2} \\[2mm] \dfrac{\partial \bar{p}_{D,\text{br}(2)}}{\partial r_1} & \dfrac{\partial \bar{p}_{D,\text{br}(2)}}{\partial r_2} \end{bmatrix}$$

其中,N 表示 $\beta_j (j=1,2)$ 相对于 $m_{n,\text{br}(2)} (n=1,2)$ 的一阶偏导矩阵,可以通过如下公式计算得出。

$$N = \begin{bmatrix} 1 - \bar{p}_{D,\text{br}(2)} & 0 & p_{1,\text{br}(2)} \\[2mm] 0 & 1 - \bar{p}_{D,\text{br}(2)} & p_{2,\text{br}(2)} \end{bmatrix} \frac{1}{\left[1 - \bar{p}_{D,\text{br}(2)} \right]^2} \quad (4.38)$$

W 表示为

$$W = \begin{bmatrix} \dfrac{\partial p_{1,\text{br}(2)}}{\partial A_1^{\text{T}}} \dfrac{\partial A_1}{\partial r_1} & \dfrac{\partial p_{1,\text{br}(2)}}{\partial A_1^{\text{T}}} \dfrac{\partial A_1}{\partial r_2} \\[2mm] \dfrac{\partial p_{2,\text{br}(2)}}{\partial A_2^{\text{T}}} \dfrac{\partial A_2}{\partial r_1} & \dfrac{\partial p_{2,\text{br}(2)}}{\partial A_2^{\text{T}}} \dfrac{\partial A_2}{\partial r_2} \\[2mm] \dfrac{\partial \bar{p}_{D,\text{br}(2)}}{\partial B^{\text{T}}} \dfrac{\partial B}{\partial r_1} & \dfrac{\partial \bar{p}_{D,\text{br}(2)}}{\partial B^{\text{T}}} \dfrac{\partial B}{\partial r_2} \end{bmatrix} \quad (4.39)$$

式中，A_1 和 A_2 是参数矩阵；$A_n = [K_{br(2)}, p_{n,1}, p_{n,2}, p_{D,1}, p_{D,2}]^T$；$B = [K_{br(2)}, \bar{p}_{D,1}, \bar{p}_{D,2}]^T$。

WSN 健康评估模型输出相对于指标可靠度 $W(n,i)$ 通过如下公式计算得出。

$$W(n,i) = \begin{bmatrix} p_{n,1}p_{n,2} + p_{n,1}p_{D,2} + p_{D,1}p_{n,2} \\ K_{br(2)}(p_{D,2} + p_{n,2}) \\ K_{br(2)}(p_{D,1} + p_{n,1}) \\ K_{br(2)}p_{n,2} \\ K_{br(2)}p_{n,1} \end{bmatrix}^T \begin{bmatrix} \dfrac{\partial K_{br(2)}}{\partial r_i} \\[2mm] \dfrac{\partial p_{n,1}}{\partial r_i} \\[2mm] \dfrac{\partial p_{n,2}}{\partial r_i} \\[2mm] \dfrac{\partial p_{D,1}}{\partial r_i} \\[2mm] \dfrac{\partial p_{D,2}}{\partial r_i} \end{bmatrix}, \quad n=1,2,\ i=1,2 \quad (4.40)$$

$$W(n,i) = \begin{bmatrix} \bar{p}_{D,1} & \bar{p}_{D,2} \\ K_{br(2)} & \bar{p}_{D,2} \\ K_{br(2)} & \bar{p}_{D,1} \end{bmatrix}^T \begin{bmatrix} \dfrac{\partial K_{br(2)}}{\partial r_i} \\[2mm] \dfrac{\partial \bar{p}_{D,1}}{\partial r_i} \\[2mm] \dfrac{\partial \bar{p}_{D,2}}{\partial r_i} \end{bmatrix}, \quad n=3,\ i=1,2 \quad (4.41)$$

式中，$\dfrac{\partial K_{br(2)}}{\partial r_i}$ 表示 $\partial K_{br(2)}$ 相对于第 i 个属性可靠度 r_i 的一阶导数，表示为

$$\frac{\partial K_{br(2)}}{\partial r_i} = \frac{\partial K_{br(2)}}{\partial \mathbf{P}^T} \frac{\partial \mathbf{P}}{\partial r_i}, \quad i=1,2 \quad (4.42)$$

式中，$\mathbf{P}$ 表示基本概率质量矩阵，$\mathbf{P} = [p_{1,1} \quad p_{2,2} \quad p_{2,1} \quad p_{1,2}]^T$。

$\dfrac{\partial K_{br(2)}}{\partial \mathbf{P}^T}$ 可以表示为

$$\frac{\partial K_{br(2)}}{\partial \mathbf{P}^T} = [p_{1,1} \quad p_{2,2} \quad p_{2,1} \quad p_{1,2}]^T \frac{1}{(1 - p_{1,1}p_{2,2} - p_{2,1}p_{1,2})^2} \quad (4.43)$$

基本概率质量对属性可靠性的一阶导数计算如下：

$$\begin{bmatrix} \dfrac{\partial p_{n,k}}{\partial r_i} & \dfrac{\partial p_{D,k}}{\partial r_i} & \dfrac{\partial \bar{p}_{D,k}}{\partial r_i} \end{bmatrix} = \begin{bmatrix} \beta_{n,k} - \sum_{n=1}^{2} \beta_{n,k} - 1 \end{bmatrix} \frac{\partial w_k}{\partial r}, \quad k=1,2 \quad (4.44)$$

$$\begin{bmatrix} \dfrac{\partial w_1}{\partial r_1} & \dfrac{\partial w_1}{\partial r_2} \\[2mm] \dfrac{\partial w_2}{\partial r_1} & \dfrac{\partial w_2}{\partial r_2} \end{bmatrix} = \begin{bmatrix} \theta_2\alpha_2 & -\theta_1\alpha_1 \\ -\theta_2\alpha_2 & \theta_1\alpha_1 \end{bmatrix}$$

$$\times \begin{bmatrix} \dfrac{\bar{\delta}_1}{(1+\bar{\delta}_1-r_1)^2}\ln\dfrac{\alpha_1^1}{\alpha_2^1} & \dfrac{\bar{\delta}_2}{(1+\bar{\delta}_2-r_2)^2}\ln\dfrac{\alpha_1^2}{\alpha_2^2} \\[3mm] \dfrac{\bar{\delta}_1}{(1+\bar{\delta}_1-r_1)^2}\ln\dfrac{\alpha_2^1}{\alpha_1^1} & \dfrac{\bar{\delta}_2}{(1+\bar{\delta}_2-r_2)^2}\ln\dfrac{\alpha_2^2}{\alpha_1^2} \end{bmatrix} \times \dfrac{\theta_1\theta_2\alpha_1\alpha_2}{(\theta_1\alpha_1+\theta_2\alpha_2)^3}$$

$$(4.45)$$

式中，r_1 和 r_2 分别表示两个属性的可靠度；θ_1 和 θ_2 分别表示两条规则的权重。

基于上述推导，计算出输出评价结果置信度相对于两个置信规则的属性可靠度的敏感系数。

4.4.2 评估结果相对于指标权重的敏感性分析

融合结果相对于第 L 个指标权重的敏感性系数可以表示为

$$\frac{\partial \beta_n}{\partial w_i} = \frac{p_{n,(L)}}{(1 - \bar{p}_{D,(L)})^2} \frac{\partial \bar{p}_{D,(L)}}{\partial w_i} + \frac{1}{1 - \bar{p}_{D,(L)}} \frac{\partial p_{n,(L)}}{\partial w_i} \tag{4.46}$$

式中，

$$\frac{\partial \bar{p}_{D,(L)}}{\partial w_i} = \frac{\partial \bar{p}_{D,(L)}}{\partial U_{n,L}^{\mathrm{T}}} \frac{\partial U_{n,L}}{\partial w_i} \tag{4.47}$$

$$\frac{\partial p_{n,(L)}}{\partial w_i} = \frac{\partial p_{n,(L)}}{\partial V_{n,L}^{\mathrm{T}}} \frac{\partial V_{n,L}}{\partial w_i} \tag{4.48}$$

$$U_{n,L} = [\bar{p}_{D,(L-1)} \quad \bar{p}_{D,L} \quad K_{(L)}]^{\mathrm{T}} \tag{4.49}$$

$$V_{n,L} = [p_{n,(L-1)} \quad p_{n,L} \quad p_{D,L} \quad p_{D,(L-1)} \quad K_{(L)}]^{\mathrm{T}} \tag{4.50}$$

得

$$\frac{\partial p_{n,(L)}}{\partial w_i} = \begin{cases} \dfrac{(1 - r_L)\beta_{n,L}}{(1 + p_L - r_L)^2}, & i = L \\ 0, & i \neq L \end{cases} \tag{4.51}$$

$$\frac{\partial p_{D,L}}{\partial w_i} = \begin{cases} \dfrac{(r_L - 1)\sum\limits_{n=1}^{N} \beta_{n,L}}{(1 + p_L - r_L)^2}, & i = L \\ 0, & i \neq L \end{cases} \tag{4.52}$$

$$\frac{\partial \bar{p}_{D,L}}{\partial w_i} = \begin{cases} \dfrac{r_L - 1}{(1 + p_L - r_L)^2}, & i = L \\ 0, & i \neq L \end{cases} \tag{4.53}$$

$$\frac{\partial K_{(L)}}{\partial w_i} = \frac{\sum\limits_{t=1}^{N} \sum\limits_{\substack{l=1 \\ l \neq 1}}^{N} \left(p_{t,i} \dfrac{\partial p_{l,j}}{\partial w_i} + p_{l,j} \dfrac{\partial p_{t,i}}{\partial w_i} \right)}{\left(1 - \sum\limits_{t=1}^{N} \sum\limits_{\substack{l=1 \\ l \neq t}}^{N} p_{t,i} p_{l,j} \right)^2} \tag{4.54}$$

WSN 健康评估模型输出相对于指标权重的平均敏感系数如下：

$$E(w_i) = \frac{1}{N} \sum_{n=1}^{N} \left| \frac{\partial \beta_n}{\partial w_i} \right|, \quad i = 1, 2, \cdots, L \tag{4.55}$$

$E(w_i)$ 能够反映指标权重变化对 WSN 健康评估模型输出结果的影响，$E(w_i)$ 越大，表示模型越敏感，即模型越不稳定；反之，$E(w_i)$ 越小，表示模型越稳定。

在 WSN 健康评估中，灵敏度系数可根据其有效性对属性可靠度进行排序，并为系统设计提供指导。$E(w_i)$ 越大，则模型越敏感，模型越不稳定；$E(w_i)$ 越小，则模型越不敏感，模型越稳定。在 WSN 工程实践中,由于资源或监控技术的限制,可能无法提高 WSN 两个特性的可靠度。因此,为了有效地提高 WSN 健康评估模型的准确性,可以在设计过程中采取措施提高 WSN 第 i 特性的可靠度。

4.4.3 模型可靠度相对于属性可靠度的敏感性分析

本小节分析属性可靠度相对于评估模型可靠度的有效性,推导过程如下。

根据 4.3.1 小节 BRB-r 模型可靠度的计算方法,模型可靠度相对于属性可靠度 r_i 的敏感系数通过如下公式计算:

$$\frac{\partial r_{\mathrm{br}(L)}}{\partial r_i} = -\frac{1}{w_{\mathrm{br}(L)}\left(\sum_{k=1}^{L}\sum_{n=1}^{N}\beta_{n,k}/T\right)} \cdot \frac{\partial p_{D,\mathrm{br}(L)}}{\partial r_i}, \quad i=1,2,\cdots,M \tag{4.56}$$

式中,$w_{\mathrm{br}(L)}$ 表示构建模型的总体激活权重,在工程实践中没有实际物理意义;$\partial r_{\mathrm{br}(L)}/\partial r_i$ 表示模型可靠度相对于第 i 个属性可靠度的敏感性系数。

$\partial p_{D,\mathrm{br}(L)}/\partial r_i$ 是 $p_{D,\mathrm{br}(L)}$ 的一阶导数,由如下公式计算得到:

$$\frac{\partial p_{D,\mathrm{br}(L)}}{\partial r_i} = \frac{\partial \overline{p}_{D,\mathrm{br}(L)}}{\partial r_i} + \frac{\partial \widetilde{p}_{D,\mathrm{br}(L)}}{\partial r_i} \tag{4.57}$$

$$\frac{\partial \widetilde{p}_{D,\mathrm{br}(L)}}{\partial r_i} = \frac{\partial \widetilde{p}_{D,\mathrm{br}(L)}}{\partial E_k^{\mathrm{T}}}\frac{\partial E_k}{\partial r_i} \tag{4.58}$$

式中,$E_k=\begin{bmatrix} K_{\mathrm{br}(L)} & \widetilde{p}_{D,\mathrm{br}(L-1)} & \widetilde{p}_{D,L} & \overline{p}_{D,\mathrm{br}(L-1)} & \overline{p}_{D,L} \end{bmatrix}$。

$$\frac{\partial \widetilde{p}_{D,L}}{\partial r_i} = \left(1-\sum_{n=1}^{N}\beta_{n,L}\right)\frac{\partial w_L}{\partial r_i} \tag{4.59}$$

WSN 健康评估模型的可靠性还受到专家知识和机理信息的影响,并限定属性可靠度相对于模型可靠度作用的边界。与模型可靠度相比,输出置信度仅受 WSN 特性输入的影响。

4.5 实 验 验 证

为验证提出的 WSN 健康评估模型的有效性,本节对实际工程中应用于原油存储罐的 WSN 实例进行实验验证。

4.5.1 WSN 健康评估模型的实验描述

原油存储罐的数量日益增加,需要通过 WSN 监测其运行工作状态的安全性和可靠性,所以 WSN 的可靠性直接影响了原油存储罐日常运行的可靠性。本节基于 BRB-r 模型构建了原油存储罐 WSN 健康评估模型,用于评估原油存储罐日常工作时的健康状态。

实验数据采自建于海南省的某原油存储罐的 WSN 监测数据。由于该原油存储罐建在海边,受到海洋性气候温度和湿度的影响较大,长时间的工作容易发生原油存储罐泄漏,因此通过对原油存储罐的 WSN 健康评估来指导系统维护是非常重要且切实可行的。

在原油存储罐 WSN 健康评估中存在以下三个问题。

（1）实验成本较高，由于原油存储罐设计的高可靠性，出故障的概率较低，因此无法采集大量的监测数据。

（2）原油存储罐的 WSN 分布广泛，工作环境中受到多种因素的影响，导致无法准确地采集与健康状态有关的信息。

（3）由于 WSN 是通过无线方式传递数据的，极易受到环境因素的干扰，致使采集到的数据中含有噪声，降低了信息的可靠度。

4.5.2　WSN 健康评估模型的构建

实验中选取了 WSN 的覆盖率和故障率两个监测指标作为 BRB-r 模型的前提特征属性。覆盖控制是 WSN 的关键技术之一，覆盖率反映了网络所能提供的"感知"服务质量。传感器节点是 WSN 系统中的单个组件，计算 WSN 的故障率，需要先计算出单个组件的故障率，再求出 WSN 的故障率。

由专家对 WSN 采集到的监测数据进行分析，分别为 CR 和 FR 设置 4 和 5 个参考点及其参考值，如表 4.1 和表 4.2 所示。其中，用 H、SH、M、SL 和 L 分别表示高、稍高、中、稍低和低。

表 4.1　CR 的参考点和参考值

参考点	H	SH	M	L
参考值	63.96	39	7.5	0.1278

表 4.2　FR 的参考点和参考值

参考点	H	SH	M	SL	L
参考值	0.0582	0.048	0.04	0.034	0.0297

根据专家知识在设置参考点时，既要考虑模型的复杂度，又要考虑模型评估的精度。根据式(4.2)给出的置信规则形式，原油存储罐的 WSN 健康评估模型的第 k 条 BRB-r 置信规则可以表示为

$$
\begin{aligned}
R_k : & \text{If } x_{\text{CR}}(t) \text{ is } A_1^k \wedge x_{\text{FR}}(t) \text{ is } A_2^k, \\
& \text{Then } H(t) \text{ is } \{(D_1, \beta_{1,k}), (D_2, \beta_{2,k}), (D_3, \beta_{3,k})\} \\
& \text{With rule weight } \theta_k, \text{ characteristic weight } \delta_1, \delta_2, \\
& \text{characteristic reliability } r_1, r_2
\end{aligned}
\tag{4.60}
$$

式中，$x_{\text{CR}}(t)$ 和 $x_{\text{FR}}(t)$ 表示 t 时刻前提属性覆盖率和故障率的值；A_1^k 和 A_2^k 表示参考值；$H(t)$ 表示 t 时刻评估结果的置信度分布；D_1、D_2 和 D_3 表示 3 个参考点；$\beta_{1,k}$、$\beta_{2,k}$ 和 $\beta_{3,k}$ 表示 3 个参考点的置信度；θ_k 表示规则权重；δ_1 和 δ_2 表示前提属性 $x_{\text{CR}}(t)$ 和 $x_{\text{FR}}(t)$ 的特征权重；r_1 和 r_2 表示前提属性 $x_{\text{CR}}(t)$ 和 $x_{\text{FR}}(t)$ 的特征可靠度。

将 CR 和 FR 前提特征属性在 t 时刻采集到的监测数据作为 BRB-r 模型的特征输

入值。

　　CR 和 FR 两个关键特征属性采集的数据如图 4.3 所示。

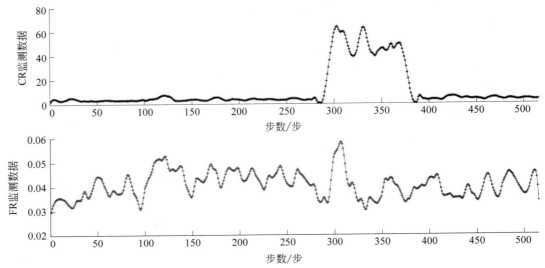

图 4.3　两个特征的监测数据

　　实验中由领域专家设定了 3 个健康等级作为置信规则的输出值,如表 4.3 所示。其中,H、M 和 L 分别表示健康等级是高、中和低。置信规则的输出置信度也是由专家根据 WSN 的实际工作状态设置的,初始的健康评估模型如表 4.4 所示。在初始健康评估模型中,每条置信规则被认为是同等重要的,规则权重都设置为 1。

表 4.3　健康等级的参考点和参考值

参考点	H	M	L
参考值	1	0.5	0

表 4.4　WSN 的初始健康评估模型

序号	规则权重	前提特征		置信分布
		CR	FR	{H,M,L}
1	1	L	L	(1 0 0)
2	1	L	SL	(0.8 0.2 0)
3	1	L	M	(0.6 0.4 0)
4	1	L	SH	(0.5 0.5 0)
5	1	L	H	(0.4 0.6 0)
6	1	M	L	(0.35 0.75 0)
7	1	M	SL	(0.2 0.8 0)
8	1	M	M	(0.1 0.9 0)

| 序号 | 规则权重 | 前提特征 | | 置信分布 |
		CR	FR	{H,M,L}
9	1	M	SH	(0 0.7 0.3)
10	1	M	H	(0 0.5 0.5)
11	1	SH	L	(0.2 0.8 0)
12	1	SH	SL	(0 1 0)
13	1	SH	M	(0 0.8 0.2)
14	1	SH	SH	(0 1 0)
15	1	SH	H	(0 0.8 0.2)
16	1	H	L	(0 0.9 0.1)
17	1	H	SL	(0 0.8 0.2)
18	1	H	M	(0 0.5 0.5)
19	1	H	SH	(0 0.2 0.8)
20	1	H	H	(0 0 1)

此时,第 1 条 BRB-r 置信规则可以表示为

$$
\begin{aligned}
R_k : &\ \text{If } x_{CR}(t) \text{ is L} \wedge x_{FR}(t) \text{ is L}, \\
&\ \text{Then } H(t) \text{ is } \{(H,1),(M,0),(L,0)\} \\
&\ \text{With rule weight 1, characteristic weight } \delta_1, \delta_2, \\
&\ \text{characteristic reliability } r_1, r_2
\end{aligned}
\tag{4.61}
$$

式中,$x_{CR}(t)$ 和 $x_{FR}(t)$ 表示 t 时刻覆盖率和故障率的值;$H(t)$ 表示 t 时刻评估结果的置信度分布;3 个参考点 H、M 和 L 的参考值分别为 1、0 和 0;规则权重设置为 1;前提属性 $x_{CR}(t)$ 和 $x_{FR}(t)$ 的特征权重分别为 δ_1 和 δ_2;前提属性 $x_{CR}(t)$ 和 $x_{FR}(t)$ 的特征可靠度为 r_1 和 r_2,根据 4.3.1 小节提出的方法计算而得。

4.5.3 WSN 健康评估模型的训练和测试

实验中共采集了 515 组 CR 和 FR 前提特征属性的监测数据。随机选取 250 组监测数据作为训练数据,剩余 265 组监测数据作为测试数据。

在输出置信度中 CR 和 FR 的属性灵敏度如表 4.5 所示,σ、ψ、Δ 是 BRB-r 模型中临界值,且 $\sigma>0$,$\psi>0$,$\Delta<0$。使用本书提出的监测数据可靠度计算方法监测数据 CR 和 FR 的平均可靠度,分别为 0.8324 和 0.7060。

在基于 P-CMA-ES 算法构建的优化模型中,置信规则的输出置信度、规则权重值和特征权重值被设定为优化参数,共优化了 WSN 健康评估模型中的 82 个参数。

实验共运行了 50 次,最小 MSE 的值为 0.0077,MSE 的平均值为 0.0084,实验数据表明优化后的基于 BRB-r 模型的健康评估模型可以准确地评估出 WSN 的健康状态。优化后的

WSN 健康评估模型如表 4.6 所示。优化后 CR 和 FR 的权重值分别为 0.9998 和 0.1294。

表 4.5　属性可靠度的敏感性

序号	BRB-r 参数		变化趋势和变化率	
	CR	FR	$\partial \beta_j / \partial r_i$	$\partial^2 \beta_j / \partial r_i^2$
1	CR$>\sigma$	$-\psi<$FR$<\Delta<0$	>0	<0
2	CR$>\sigma$	$-\psi<$FR$<\Delta<0$	<0	<0
3	0$<$CR$<\sigma$	$\psi<$FR	>0	>0
4	0$<$CR$<\sigma$	FR$<-\psi$	>0	>0
5	$-\sigma<$CR$<\Delta<0$	$\psi<$FR	>0	>0
6	$-\sigma<$CR$<\Delta<0$	FR$<-\psi$	<0	>0

表 4.6　优化后的 WSN 健康评估模型

序号	规则权重	前 提 特 征		置 信 分 布
		CR	FR	{H,M,L}
1	0.0216	L	L	(0.5670 0.2253 0.2077)
2	0.0203	L	SL	(0.3418 0.2644 0.3938)
3	0.8842	L	M	(0.0001 0 0.9999)
4	0.0739	L	SH	(0.0009 0 0.9992)
5	0.0019	L	H	(0.9967 0.0019 0.0014)
6	0.1304	M	L	(0.9998 0.0001 0.0002)
7	0.0200	M	SL	(0.2663 0.1752 0.5585)
8	0.0401	M	M	(0.0005 0.0004 0.9991)
9	0.9999	M	SH	(0.9997 0.0004 0)
10	0.4026	M	H	(0.9005 0.0985 0.0010)
11	0.7985	SH	L	(0.0001 0.0007 0.9991)
12	0.1972	SH	SL	(0.0047 0.0009 0.9943)
13	0.0200	SH	M	(0.1618 0.4498 0.3884)
14	0.9994	SH	SH	(0.9998 0 0.0005)
15	0.5800	SH	H	(0.0014 0.0058 0.9929)
16	0.9843	H	L	(0 0.0008 0.9992)
17	0.5735	H	SL	(0.4427 0.2499 0.3074)
18	0.2768	H	M	(0.6871 0.1057 0.2071)
19	0.4051	H	SH	(0.2078 0.4886 0.3036)
20	0.9992	H	H	(0 0.0015 0.9989)

此时,优化后的第 1 条 BRB-r 置信规则可以表示为

R_k :If $x_{CR}(t)$ is L $\wedge$ $x_{FR}(t)$ is L,

Then $H(t)$ is $\{(H, 0.5670), (M, 0.2253), (L, 0.2077)\}$

With rule weight 0.0216, characteristic weight 0.9998, 0.1294,

characteristic reliability 0.8324, 0.7060

$$(4.62)$$

健康评估模型的输出结果如图 4.4 所示,评估模型所得到的健康状态和 WSN 实际的健康状态的误差较小,仅在个别位置存在较大误差,评估准确度能够满足要求,基于 BRB-r 构建的健康评估模型可以准确地评估出 WSN 的健康状态。

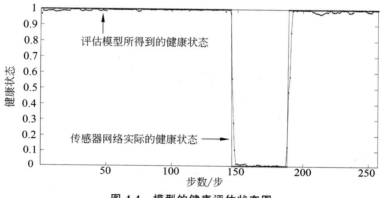

图 4.4　模型的健康评估状态图

基于 BRB-r 和文献[31]基于 BRB 的健康评估模型与实际健康状态之间的估计误差分别如图 4.5 所示。可以看出,由于考虑了工程实践中的可靠度下降问题,基于 BRB-r 构建的健康评估模型可以更准确地评估 WSN 的健康状态。

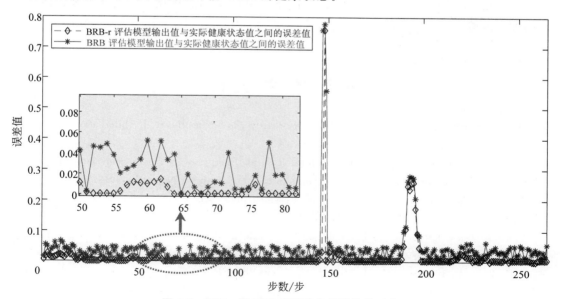

图 4.5　BRB-r 和 BRB 模型产生的误差值对比

此外,为了说明本书提出的 BRB-r 健康评估模型的有效性,分别与文献[32]、极限学习机、神经网络和模糊推理进行了对比实验,不同模型的 MSE 值如表 4.7 所示。与另外四种模型相比,BRB-r 模型的准确性分别提高了 20.75％、25.00％、67.44％和 71.23％。因此,BRB-r 健康评估模型能够有效地解决监测数据的不可靠问题,并能够更准确地估计 WSN 的健康状态。

表 4.7　不同模型的 MSE 值对比

模型	BRB-r	文献[32]	极限学习机	神经网络	模糊推理
MSE	0.0084	0.0106	0.0112	0.0258	0.0292

4.6　本章小结

在实际工程应用中,通常利用 WSN 采集复杂的系统监测信息,为系统维护决策提供数据相关性支撑。本书基于 BRB-r 的 WSN 健康评估模型,提出了一种基于监测数据平均距离的特征可靠度的计算方法。

基于 BRB-r 构建的健康评估模型有效地解决了 WSN 实际系统运行中存在的监测数据较少、高复杂性和环境噪声干扰等问题。

WSN 被用于监测系统状态,当系统状态发生变化时,采集到的监测数据也会随之变化,监测数据的平均距离可以反映特征的不可靠度。基于 WSN 的此特点,提出了一种基于监测数据平均距离的特征可靠度计算方法。

为克服专家知识的模糊性和不确定性,基于 P-CMA-ES 优化算法构建了健康评估系统的优化模型。

4.7　参考文献

[1] Oh Tae. Security management in wireless sensor networks for healthcare[J]. International Journal of Mobile Communications,2011,9(2):187-207.

[2] Thangaramya K,Kulothungan K,Logambigai R,et al. Energy aware cluster and neuro-fuzzy based routing algorithm for wireless sensor networks in IoT[J]. Computer Networks,2019(151):211-223.

[3] S. H. Li,J. Y. Feng,W. He,et al. Health assessment for a sensor network with data loss based on belief rule base[J]. IEEE Access,2020(8):126347-126357.

[4] Y. Li,L. Gao,Q. Sun,et al. Fault diagnosis of node in WSN based on RSOPNN algorithm[J]. Computer Engineering and Applications,2017,53(9):111-116.

[5] Z. J. Zhou,L. L. Chang,C. H. Hu,et al. A new BRB-ER-based model for assessing the lives of products using both failure data and expert knowledge[J]. IEEE Transactions on Systems,Man and Cybernetics:Systems,2016,46(11):1529-1543.

[6] Z. J. Zhou,C. H. Hu,D. L. Xu,et al. Bayesian reasoning approach based recursive algorithm for online

updating belief rule based expert system of pipeline leak detection[J]. Expert Systems with Applications,2011(38)：3937-3943.

[7] G. L. Li,Z. J. Zhou,C. H. Hu,et al. A new safety assessment model for complex system based on the conditional generalized minimum variance and the belief rule base[J]. Safety Sciences,2017(93)：108-120.

[8] D. L. Xu,J. Liu,J. B. Yang,et al. Inference and learning methodology of belief-rule-based expert system for pipeline leak detection[J]. Expert Systems with Applications,2007(32)：103-113.

[9] M. Ma,C. Sun,X. Chen,et al. A deep coupled network for health state assessment of cutting tools based on fusion of multisensory signals[J]. IEEE Transactions on Industrial Informatics,2019,15 (12)：6415-6424.

[10] N. Moller,S. O. Hansson. Principles of engineering safety：risk and uncertainty reduction[J]. Reliability Engineering and System Safety,2008,93(6)：798-805.

[11] Jin X H,Chow T W S,Sun Y. Kuiper test and autoregressive model based approach for wireless sensor network fault diagnosis[J]. Wireless Networks,2015,21(3)：829-839.

[12] Bhushan M,Narasimhan S,Rengaswamy R. Robust sensor network design for fault diagnosis[J]. Computers & Chemical Engineering,2008,32(2)：1067-1084.

[13] Z. C. Feng,Z. J. Zhou,C. H. Hu,et al. A new belief rule base model with attribute reliability[J]. IEEE Transactions on Fuzzy Systems,2019,27(5)：903-916.

[14] L. L. Chang,Z. J. Zhou,Y. You,et al. Belief rule based expert system for classification problems with new rule activation and weight calculation procedures[J]. Information Sciences,2016(336)：75-91.

[15] Y. W. Chen,J. B. Yang,D. L. Xu,et al. On the inference and approximation properties of belief rule based systems[J]. Information Sciences,2013(38)：121-135.

[16] X. B. Xu,J. Zheng,D. L. Xu,et al. Information fusion method for fault diagnosis based on evidential reasoning rule[J]. Journal of Control Theory and Applications,2015(32)：1170-1182.

[17] J. B. Yang,J. Liu,J. Wang,et al. Belief rule-base inference methodology using the evidential reasoning approach-RIMER[J]. IEEE Transactions on System,Man,and Cybernetics Part A-System Humans, 2006(36)：266-285.

[18] 胡庆爽,李成海,路艳丽,等. 基于分级优化置信规则库的网络安全态势预测方法[J].计算机工程, 2020,46(12)：127-133.

[19] Z. J. Zhou,G. Y. Hu,C. H. Hu,et al. A survey of belief rule base expert systems[J]. IEEE Transactions on Systems,Man and Cybernetics：Systems,2019(11)：1-15.

[20] Z. J. Zhou,C. H. Hu,J. B. Yang. A model for real-time failure prognosis based on hidden Markov model and belief rule base[J]. European Journal of Operational Research,2010,207(1)：269-283.

[21] Z. J. Zhou,C. H. Hu,J.B. Yang,et al. A sequential learning algorithm for online constructing belief-rule-based systems[J]. Expert Systems with Applications,2010(37)：1790-1799.

[22] Z. J. Zhou,J. B. Yang,D. L. Xu,et al. Online updating belief-rule-base using the RIMER approach [J]. IEEE Transactions on Systems,Man,and Cybernetics—Part A：Systems and Humans,2011,41 (6)：1225-1243.

[23] J. B. Yang,D. L. Xu. Evidential reasoning rule for evidence combination[J]. Artificial Intelligence, 2013(205)：1-29.

[24] G. L. Kong,D. L. Xu,R. Body,et al. A belief rule-based decision support system for clinical risk assessment of cardiac chest pain[J]. European Journal of Operational Research,2012(219)：564-573.

［25］X. S. Si,C. H. Hu,J. B. Yang,et al. A new prediction model based on belief rule base for system's behavior prediction[J]. IEEE Transactions on Fuzzy Systems,2011(19)：636-651.

［26］W. He,L. C. Liu,J. P. Yang. Reliability analysis of stiffened tank-roof stability with multiple random variables using minimum distance and Lagrange methods[J]. Engineering Failure Analysis,2013 (32)：304-311.

［27］J. Liu,L. Martinez,A. Calzada,et al. A novel belief rule base representation,generation and its inference methodology[J]. Knowledge-based Systems,2013(53)：129-141.

［28］Z. J. Zhou,C. H. Hu,Y. M. Chen. An improved fuzzy Kalman filter for state estimation of nonlinear systems[J]. International Journal of Systems Science,2010(a),41(5)：537-546.

［29］G. L. Kong,D. L. Xu,J. B. Yang,et al. Belief rule-based inference to predict trauma outcome[J]. Knowledge-based Systems,2016(95)：35-44.

［30］L. L. Chang,Z. J. Zhou,H. C. Liao,et al. Generic disjunctive belief rule base modeling,inferencing and optimization[J]. IEEE Transactions on Fuzzy Systems,2019,27(9)：1866-1880.

［31］贺维. 无线传感器网络可靠性评估方法研究[D]. 哈尔滨：哈尔滨理工大学,2018.

［32］G. W. Sun,W. He,H. L. Zhu,et al. A wireless sensor network node fault diagnosis model based on belief rule base with power set[J]. Heliyon,2022,8(11)：e10879.

第 5 章　考虑属性质量因子的
无线传感器网络故障诊断

5.1　引　　言

无线传感器网络是一种用于数据采集的物理系统,经常部署在山林、高海拔和水下的恶劣环境中[1]。在复杂的工作环境中,随着传感器节点工作时间的增加和无线通信环境的干扰,WSN 节点故障的可能性也随之增加[2]。为了及时掌握 WSN 的工作状态,保证采集数据的可靠性,WSN 节点的故障诊断是必不可少的[3]。

常用的 WSN 节点故障诊断模型有神经网络、决策树和随机森林等[4-7]。其中,神经网络的应用最为广泛。WSN 节点故障诊断需要提取数据特征。然而,由于复杂的工作环境和无线信号传输的干扰,数据特征并不完全可靠。现有研究成果并没有考虑不可靠的数据特征对 WSN 节点故障诊断过程的影响。不可靠的数据可能导致模型中参数的训练异常,降低故障诊断的准确性。同时,上述模型大多是基于数据驱动的,参数需要大量的故障样本进行训练,以提高诊断精度。然而,在实际工程生产中,采集到的故障样本数量很少,这就大大限制了数据驱动模型的诊断精度。

针对上述问题,本书提出了一种基于自适应质量因子的置信规则库(belief rule base with self-adaptive quality factor,BRB-SAQF)的 WSN 节点故障诊断方法。这种方法有两个优点:①引入质量因子的概念,以减少不可靠数据的影响;②由于 BRB 对训练样本数量的依赖性较小,且该方法结合了专家知识的参数设置,比数据驱动方法需要的故障样本更少。因此,在故障样本数量较少的情况下,也可以获得较好的诊断结果。为了验证 BRB-SAQF 的有效性,将其与人工神经网络、高斯回归过程、支持向量机、决策树和增强树等方法进行了比较。

通过案例分析和与常用故障诊断方法的比较,可以得出结论:BRB-SAQF 方法可以有效降低不可靠数据对故障诊断精度的影响。与数据驱动的方法相比,BRB-SAQF 方法在相同的数据样本下也能取得更好的诊断结果,其有效性在本书中得到了验证。

5.2　相关工作

随着 WSN 的广泛应用,对 WSN 节点进行故障诊断和分类已成为相关学者的研究课题。例如,Saeed 等提出了一种基于监督学习和集成学习方案的极端随机树的 WSN 节点故障诊断方法[5];Noshad 等使用随机森林方法来诊断 WSN 中的故障[6];Swain 等提出了一种基于混合元启发式算法训练前馈神经网络的 WSN 节点自动故障诊断模型[8]；Gharamaleki 等通过邻近节点的变异性来确定 WSN 的失效[9]；Mohapatra 等利用神经网络模拟人体免疫过程，实现 WSN 节点故障诊断[10]；Regin 等使用卷积神经网络方法进行 WSN 节点故障诊断[11]。由此可知，基于神经网络的 WSN 节点故障诊断方法最为广泛[12-13]。然而，无论是基于神经网络模型，还是基于决策树模型，都有 3 个缺点：①这些模型没有考虑不可靠的数据特征对故障诊断准确性的影响；②它们需要大量的故障样本来训练模型参数；③基于神经网络的方法有较多的参数，如神经元的权重和偏差，这些参数具体的物理意义可解释性很差。

2006 年，Yang 等提出了一种基于证据推理算法的置信规则库推理模型（belief rule-base inference methodology using the evidential reasoning approach，RIMER）[14]。RIMER 是一个由置信规则库（BRB）和证据推理（ER）规则组成的专家系统，可以更灵活地表示各种类型的不确定信息，包括模糊性、随机性和无知性[15]。模型参数是由专家根据经验知识给出的，在模型中具有特定的物理意义。而且，BRB 模型具有小样本训练的优势[16]，已被广泛应用于医疗诊断、健康评估和故障诊断等领域[17-20]。He 等提出了一种基于 BRB 的 WSNs 故障诊断方法[21]，但该方法也没有考虑不可靠的数据特征对故障诊断过程的影响。2018 年，Feng 等[22] 提出了一种考虑属性可靠性的 BRB 模型。但该模型的属性可靠性计算方法是静态的，并不适用于在不同状态下有显著变化的输入属性。

为了减少不可靠数据特征对故障诊断过程的影响，弥补静态属性可靠性计算方法的不足，本书提出了一种基于 BRB-SAQF 的 WSN 节点故障诊断模型：①引入属性质量因子的概念，屏蔽部分不可靠数据，计算每个属性的质量因子；②在静态属性可靠性计算方法的基础上，重新推导了自适应质量因子计算方法；③由于 BRB 方法具有小样本训练的优点，因此所需的训练样本数量比神经网络方法要少；④由于 BRB 方法参数的设置是由专家知识确定的，具有特定的物理意义，因此可解释性也比神经网络方法具有更强的鲁棒性。

5.3 问题描述

本节给出了 WSN 节点故障诊断过程中遇到的一些问题，并针对这些问题构建了基于 BRB 的 WSN 节点故障诊断模型。

5.3.1 节点故障诊断的问题描述

（1）提取几个不同的特征数据作为 BRB-SAQF 模型的输入属性。WSN 收集的原始节点数据可以用来确定一个节点是否出现故障。然而，无法确定该节点中发生了何种类型的故障。因此，需要提取不同的特征数据来区分节点的故障类型。提取特征数据的过程如下：

$$[x_1, x_2, \cdots, x_M] = f(X_m, \varphi) \tag{5.1}$$

式中，$f()$ 表示特征数据的提取过程；X_m 表示 WSN 传感器收集的原始数据；φ 表示特征数据提取过程中的参数；$[x_1, x_2, \cdots, x_M]$ 表示被提取的 M 个特征数据。

（2）模型需要处理输入属性的不可靠性，定义属性质量因子参数。WSN 工作在复杂环境中，数据传输过程中经常受到电磁场、温度和湿度等因素的影响，导致监测数据出现噪声。因此,提取的特征数据存在误差,导致特征数据不完全可靠,即模型的输入属性不可靠。因此,在特征数据提取后,需要对噪声引起的误差进行识别和处理。输入属性的不可靠性处理如下:

$$[r_1, r_2, \cdots, r_M] = g([x_1, x_2, \cdots, x_M], \gamma) \tag{5.2}$$

式中,$g(\ )$表示属性质量因子的计算函数;$[x_1, x_2, \cdots, x_M]$表示从问题(1)中提取的 M 个特征数据;γ 表示属性质量因子计算过程中的参数;$[r_1, r_2, \cdots, r_M]$表示 M 个输入属性的质量因子。

(3)属性质量因子需要融入 BRB 的推理过程。引入输入属性的质量因子作为 BRB 方法的新参数,需要修改 BRB 原有的推理过程。包含属性质量因子的 BRB 推理过程可以用如下公式描述。

$$S = h([r_1, r_2, \cdots, r_M], \rho) \tag{5.3}$$

式中,$h(\ )$表示 BRB-SAQF 推理过程;$[r_1, r_2, \cdots, r_M]$表示输入属性的质量因子;ρ 表示融合过程中的其他参数;S 表示该模型的诊断结果。

(4)优化 BRB-SAQF 模型中初始化的参数,以获得更准确的诊断结果。模型参数的优化过程可以用如下公式表示。

$$\eta_{\text{best}} = o(\eta, \psi) \tag{5.4}$$

式中,$o(\ )$表示优化算法;η_{best}表示优化后的参数;η 表示需要优化的参数;ψ 表示优化算法的参数。

5.3.2 基于 BRB-SAQF 的 WSN 节点故障诊断模型

根据上述四个问题,基于 BRB-SAQF 的 WSN 节点故障诊断模型分为四部分:①数据特征提取单元,从原始数据中提取有利于故障诊断的特征数据;②模型输入属性质量因子的计算单元,采用自适应质量因子计算方法计算属性质量因子;③模型规则构建和推理模块,该模块对 BRB-SAQF 中的规则进行初始化,并考虑属性质量因子实现推理过程;④模型参数优化模块,通过带约束条件的优化算法对模型的初始参数进行优化,以获得更好的诊断结果。该模型的基本结构如图 5.1 所示。

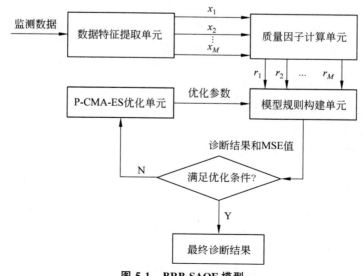

图 5.1　BRB-SAQF 模型

5.4 基于 BRB-SAQF 的 WSN 节点故障诊断模型的构建

在 5.3 节中,定义了基于 BRB-SAQF 的 WSN 节点故障诊断过程中的关键问题。在这一节中,针对这些问题逐一提出解决方案。

5.4.1 数据特征的提取

必须从监测到的数据中提取不同的数据特征,以区分该节点上发生了什么类型的故障。在 WSN 节点故障诊断过程中常用的标准特征数据是平均值、标准差、方差、偏度和峰度[21]。本书使用均值方差和峰度作为提取的特征数据来区分不同的故障类型,这两个特征数据都属于随时间变化的特征数据。均值方差表示被诊断的节点的均值和其相邻节点的均值在一段时间内的距离。峰度是概率密度分布曲线在平均值处的峰值高度的特征数[23]。传感器的监测数据被定义为 $X_m(t)$,可由如下公式描述。

$$X_m(t) = [x_1(t), x_2(t), \cdots, x_m(t)] \tag{5.5}$$

式中,$x_m(t)$ 表示由 m 传感器在时刻 t 采集的数据。

从时刻 l 到 $l+T$ 的均值方差可按如下公式计算得出。

$$g_i = \left| \frac{\sum_{t=l}^{l+T} x_i(t)}{T+1} - \frac{\sum_{t=l}^{l+T} x_j(t)}{m(T+1)} \right|, \quad i,j = 1,\cdots,m, \ i \neq j \tag{5.6}$$

式中,m 表示传感器的数量。

峰度可以通过如下公式计算得出。

$$u_n = \frac{\frac{1}{T+1} \sum_{t=l}^{l+T} [x_i(t) - \bar{x}_i]^4}{\sigma^4} \tag{5.7}$$

式中,T 表示时间间隔的大小;$\bar{x}_i$ 表示传感器 i 在时间间隔内收集的数据的平均值 T;σ^4 表示传感器 i 在时间间隔内收集的数据的标准偏差 T。

5.4.2 计算属性质量因子

当 BRB 模型考虑属性质量因子时,计算它就成为一个新的问题。目前的研究表明,有以下几种方法可以计算属性的可靠性:①采用基于最小距离的属性可靠性计算方法[24],但在缺乏监测数据的情况下,该方法得到的数据的最小距离和用它计算的属性可靠性的准确性不高[22]。②基于专家知识的计算方法[25],这种方法与专家经验密切相关,当专家经验不足或系统相对复杂时,该方法的属性可靠性计算的准确性将受到很大影响[22]。③基于统计的计算方法[26],该方法引入了公差范围的概念,用来判断数据是否可靠,从而计算出属性的可靠性[26]。Feng 等提出了设置每个属性的容差范围的方法和基于静态属性可靠性的 BRB 方法(BRB-SR)[22],但是该方法适用于在不同状态下属性之间差异较小的情况,难以对属性值的噪声数据进行统计和计算。为此,本书在改进静态属性可靠性计算方法的基础上，提出了自适应属性质量因子计算方法。

该模型假设有 M 属性和 N 诊断类别。在这种情况下，矩阵 Y 可以构建：

$$Y = \begin{bmatrix} y_{11} & \cdots & y_{1N} \\ \vdots & & \vdots \\ y_{M1} & \cdots & y_{MN} \end{bmatrix} \quad (5.8)$$

式中，y_{ij} 表示对应于 j 诊断级别的 i 属性的可靠数据数量，初始值为 0。y_{ij} 可以通过以下方法计算。假设对应于 j 诊断级别的 i 属性的样本是 $x_{ij}(1),\cdots,x_{ij}(k),\cdots,x_{ij}(m_{ij})$，$i=1,\cdots$，$M$，$j=1,\cdots,N$。$m_{ij}$ 为样本数，属性 i 的总样本数可通过如下公式计算得出。

$$m_i = \sum_{j=1}^{N} m_{ij}, \quad i = 1,\cdots,M \quad (5.9)$$

然后，计算 $\bar{x}_{ij}$ 的平均值和 m_{ij} 样本的标准偏差 σ_{ij}。与 j 诊断水平相对应的 i 属性的公差范围可以用如下公式描述。

$$[\bar{x}_{ij} - \psi\sigma_{ij}, \bar{x}_{ij} + \psi\sigma_{ij}] \quad (5.10)$$

式中，ψ 是用于调整公差范围大小的调整因素，由专家知识决定。当数据波动较大时，设置一个更显著的调整因素，当数据波动较小时，设置一个较小的调整因素。

一旦确定了公差范围，就有可能决定哪些数据是可靠的，哪些数据是不可靠的。如果目前正在判断的数据在公差范围内，即 $\bar{x}_{ij} - \psi\sigma_{ij} \leqslant x_{ij} \leqslant \bar{x}_{ij} + \psi\sigma_{ij}$，那么这些数据是可靠的。如果目前正在判断的数据不在公差范围内，那么这些数据是不可靠的。当数据 x_{ij} 是可靠的，y_{ij} 的值会增加 1；否则，y_{ij} 的值保持不变。

此时，矩阵 Y 中的元素 y_{ij} 的计算完成。矩阵 Y 的每一行的元素之和是对应于当前行的属性的可靠数据的数量。属性 i 的可靠数据总数可通过如下公式计算。

$$y_i = \sum_{j=1}^{N} y_{ij}, \quad i = 1,\cdots,M \quad (5.11)$$

属性质量系数可以通过如下公式计算得出。

$$r_i = \frac{y_i}{m_i}, \quad i = 1,\cdots,M \quad (5.12)$$

属性质量因子的计算过程可以概括为以下 4 个步骤，并在图 5.2 中描述。

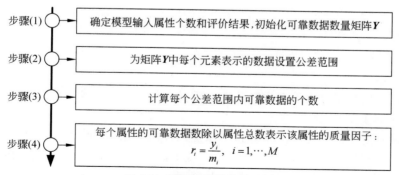

图 5.2　质量因子的计算过程

5.4.3 BRB-SAQF 的规则构建和推理过程

通过以上两个小节,提取了作为模型输入属性的特征数据,并计算了每个属性的质量因子。接下来利用这些数据来构建 BRB-SAQF 模型的规则。k 规则的基本结构 R_k 的描述如下:

$$R_k : \text{if } x_1 \text{ is } A_1, x_2 \text{ is } A_2, \cdots, x_M \text{ is } A_M$$

$$\text{Then } y \text{ is } \{(D_1, \beta_1), \cdots, (D_N, \beta_N)\} \sum_{n=1}^{N} \beta_n \leqslant 1 \tag{5.13}$$

$$\text{With rule weight } \theta_k, \text{ attribute weight } \delta_1, \delta_2, \cdots, \delta_M$$

$$\text{and attribute quality factor } r_1, r_2, \cdots, r_M$$

式中,$x_1, x_2, \cdots, x_M$ 表示模型的 M 输入属性;$A_1, A_2, \cdots, A_M$ 表示 M 属性的参考值;y 是一组置信分布,描述为 $\{(D_1, \beta_1), \cdots, (D_N, \beta_N)\}$,其中 $D_1, D_2, \cdots, D_N$ 是模型定义的 N 等级,$\beta_1, \beta_2, \cdots, \beta_N$ 表示每个等级的置信度;θ_k 表示规则权重;$\delta_1, \delta_2, \cdots, \delta_M$ 表示 M 属性权重;$r_1, r_2, \cdots, r_M$ 表示 M 属性质量因子。在 BRB-SAQF 模型的这些参数中,规则权重、属性权重和置信度是由专家经验知识初始化的。

在本书中,考虑属性质量因子的 BRB 模型的推理过程可以用以下 6 个步骤表示。

(1)计算属性匹配度。当将属性数据输入诊断模型时,先根据输入值和属性参考值计算对应参考点的匹配程度。计算过程如下:

$$\alpha_i^j = \begin{cases} \dfrac{A_i^{k+1} - x_i}{A_i^{k+1} - A_i^k}, & j = k \\[2mm] \dfrac{x_i - A_i^k}{A_i^{k+1} - A_i^k}, & j = k+1 \\[2mm] 0, & j = 1, \cdots, K, j \neq k, j \neq k+1 \end{cases} \tag{5.14}$$

式中,α_i^j 表示 i 属性在 j 参考值中的匹配度;x_i 是当前输入的属性值;A_i^k 表示 k 属性的参考值 i。当满足 $A_i^k \leqslant x_i \leqslant A_i^{k+1}$ 条件时,式(5.14)可以计算出属性参考值的匹配度。

(2)计算考虑属性质量因子的融合因素。在这一步中,将属性质量因子与属性权重同时考虑并融合为一个因子,其计算公式如下:

$$c_i = \frac{\overline{\delta}_i}{1 + \overline{\delta}_i - r_i} \tag{5.15}$$

$$\overline{\delta}_i = \frac{\delta_i}{\max\{\delta_i\}} \tag{5.16}$$

式中,r_i 和 δ_i 分别是属性质量系数和属性权重;$\overline{\delta}_i$ 表示相对属性权重。式(5.15)表明,当属性质量因子等于 1 时,则 c_i 等于 1。

(3)计算 k 规则的匹配度。在计算了属性匹配度和融合因素后,必须计算 BRB 中规则的匹配度。当规则的匹配度不等于零时,该规则被激活;否则,该规则不被激活。规则匹配度的计算公式为

$$\alpha_k = \prod_{i=1}^{M} (\alpha_k^i)^{c_i} \tag{5.17}$$

式中，M 是 k 规则中的属性数；α_k^i 表示 k 规则中的 i 属性匹配度；符号 c_i 是步骤（2）中计算的融合因素。

（4）在计算出规则匹配度并确定激活的规则后，必须计算规则的激活权重。激活权重的计算方法如下：

$$\omega_k = \frac{\theta_k \alpha_k}{\sum_{i=1}^{L} \theta_i \alpha_i}, \quad k = 1, \cdots, L \tag{5.18}$$

式中，θ_k 表示规则 k 的规则权重；α_k 表示规则匹配度。L 表示规则的数量。如果规则是激活的，其激活权重不等于 0；否则，激活权重等于 0。注意，$0 \leqslant \omega_k \leqslant 1$，$\sum_{k=1}^{L} \omega_k = 1$。

（5）融合多个激活规则，得到融合后的置信度。在确定这些规则被激活后，通过证据推理（ER）解析算法[27]对它们进行融合。其计算方法如下：

$$\beta_n = \frac{\mu\left[\prod_{k=1}^{L} \left(\omega_k \beta_{n,k} + 1 - \omega_k \sum_{j=1}^{N} \beta_{j,k} \right) - \prod_{k=1}^{L} \left(1 - \omega_k \sum_{j=1}^{N} \beta_{j,k} \right) \right]}{1 - \mu\left[\prod_{k=1}^{L} (1 - \omega_k) \right]} \tag{5.19}$$

$$\mu = \left[\sum_{n=1}^{N} \prod_{k=1}^{L} \left(\omega_k \beta_{n,k} + 1 - \omega_k \sum_{j=1}^{N} \beta_{j,k} \right) - (N-1) \prod_{k=1}^{L} \left(1 - \omega_k \sum_{j=1}^{N} \beta_{j,k} \right) \right]^{-1} \tag{5.20}$$

式中，N 表示故障诊断模型识别框架，有 N 个诊断级别；L 表示已激活的规则数量；ω_k 表示规则的激活权重；$\beta_{j,k}$ 表示后果 j 在规则 k 的置信度。初始的置信度是由专家知识决定的。通过计算式（5.19）和式（5.20），得

$$S(x^*) = \{ (D_1, \beta_1), \cdots, (D_N, \beta_N) \} \tag{5.21}$$

式中，x^* 表示输入模型的多个属性，包括 $x_1, x_2, \cdots, x_M$ 这些 M 属性；$D_1, D_2, \cdots, D_N$ 表示模型的识别框架层次；$\beta_1, \beta_2, \cdots, \beta_N$ 表示每个层次的置信度。

（6）融合后的置信结果得到模型的最终效用。假设 n 水平的效用是由 $u(D_n)$ 描述的，$S(x^*)$ 的效用则由如下公式计算得出。

$$u[S(x^*)] = \sum_{n=1}^{N} u(D_n) \beta_n \tag{5.22}$$

通过以上分析，介绍了 BRB-SAQF 的推理过程。整个推理过程可以用图 5.3 来表示。

5.4.4 模型优化过程

BRB-SAQF 的规则权重、属性权重和置信度的初始值是由专家知识决定的。但是，在专家的经验和知识不足时，参数的初始设置并不合理，这可能会影响模型诊断的准确性。因此，本书提出了利用投影协方差矩阵适应演化策略（projection covariance matrix adaptation evolution strategy, P-CMA-ES）对模型的参数进行优化，提高模型的诊断精度[28-29]。需要优化的模型参数需要满足以下条件。

对于规则权重 θ_k，需要满足如下公式中的条件。

$$0 \leqslant \theta_k \leqslant 1, \quad k = 1, 2, \cdots, L \tag{5.23}$$

对于属性权重 δ_i，需要满足如下公式中的条件。

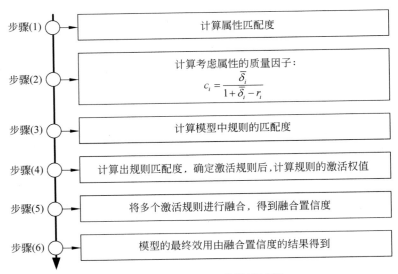

步骤(1) ○ → 计算属性匹配度

步骤(2) ○ → 计算考虑属性的质量因子：
$$c_i = \frac{\overline{\delta_i}}{1+\overline{\delta_i}-r_i}$$

步骤(3) ○ → 计算模型中规则的匹配度

步骤(4) ○ → 计算出规则匹配度，确定激活规则后,计算规则的激活权值

步骤(5) ○ → 将多个激活规则进行融合，得到融合置信度

步骤(6) ○ → 模型的最终效用由融合置信度的结果得到

图 5.3 BRB-SAQF 的推导过程

$$0 \leqslant \delta_i \leqslant 1, \quad i = 1,2,\cdots,M \tag{5.24}$$

对于每条规则中对应结果的置信度,需要满足如下公式的条件。

$$0 \leqslant \beta_{n,k} \leqslant 1, \quad n = 1,2,\cdots,N; k = 1,2,\cdots,L \tag{5.25}$$

$$\sum_{n=1}^{N} \beta_{n,k} \leqslant 1, \quad k = 1,2,\cdots,L \tag{5.26}$$

在确定了需要优化的参数和约束条件后,必须确定一个反映优化效果的指标。假设优化过程的诊断结果是 $\text{result}_{\text{optimization}}$,而训练数据的原始结果是 $\text{result}_{\text{origin}}$;那么,两个结果之间的均方误差(mean square error,MSE)被用来反映参数优化的效果。MSE 由如下公式计算得出。

$$\text{MSE}(\eta) = \frac{1}{T} \sum_{t=1}^{T} (\text{result}_{\text{optimization}} - \text{result}_{\text{origin}})^2 \tag{5.27}$$

式中,T 表示用于训练模型参数的数据数量;符号 η 表示优化后的参数集。通过以上分析,模型的优化过程可以理解为寻找 MSE 的最小值。

5.4.5 模型建立过程

构建基于 BRB-SAQF 的 WSN 节点故障诊断模型的过程分为以下几个步骤。

(1) 从监测数据中提取 WSN 节点的特征数据,并作为 BRB-SAQF 模型的输入属性。

(2) 使用自适应属性质量因子计算方法计算模型输入属性的质量因子。

(3) 模型参数被初始化,并使用 ER 解析算法融合模型规则。

(4) 通过 P-CMA-ES 优化初始参数,以提高模型的诊断精度。

5.5 实验验证

本节对基于 Intel Berkeley Research Lab 的 WSN 数据集进行了案例研究,并将 BRB-SAQF 与 BRB-SR、人工神经网络、高斯回归、支持向量机、决策树和增强树等进行实验对比。通过案例研究,验证了基于 BRB-SAQF 的 WSN 节点故障诊断方法可以有效地降低噪声数据对 WSN 节点故障诊断过程的影响。

5.5.1 使用 BRB-SAQF 进行故障诊断

1. 对数据集中的数据进行预处理,定义模型的诊断结果集

该数据集由 54 个传感器采集的温度、湿度、光线和电压数据组成。这些传感器分布在一个实验室里。然后,根据传感器的分布和数据的趋势,选取 3 月 1—7 日 1~4 号传感器的温度数据进行研究[30]。因为数据在某些点存在丢失现象,所以对数据集进行了预处理。同时,在数据集中加入高斯噪声,验证该模型能否有效地降低噪声数据的干扰[31-32]。处理后的数据集共有 2016 条数据,两条相邻数据之间间隔 5 分钟,其中 1~4 号传感器的数据如图 5.4 所示。

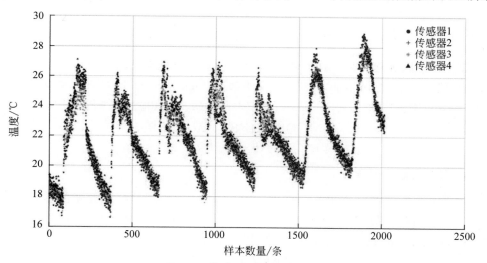

图 5.4　传感器监测温度数据

将偏移故障、高噪声故障、离群故障和固定值故障作为要检测的传感器故障类型[33]。接下来,根据故障的特点,在传感器 1 上对上述四种类型的故障进行仿真。故障数据仿真方法如表 5.1 所示,仿真后的故障数据如图 5.5 所示。

表 5.1　故障节点仿真方法

故 障 类 型	仿 真 方 法
偏移故障	对 400~799 的样本数据,叠加[0,10]区间的随机数
高噪声故障	对 800~1199 的样本数据,叠加[10,20]区间的随机数

故障类型	仿真方法
离群故障	从 1200～1599 的样本中抽出 10% 的数据,用[0,40]区间的随机数替换
固定值故障	将 1600 以后的样本数据固定等于故障发生前采集的数值

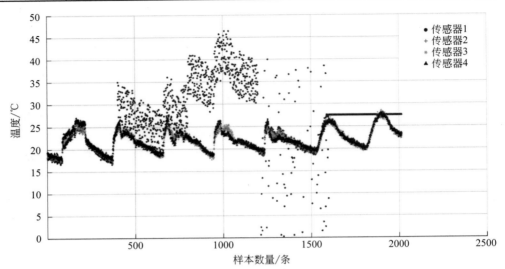

图 5.5　添加高斯噪声后的温度数据

根据上述案例研究数据集的介绍,故障诊断模型识别框架的输出包括正常状态(normal state,NS)、偏移故障(offset fault,OSF)、高噪声故障(high noise fault,HNF)、离群故障(outlier fault,OLF)和固定值故障(fixed value fault,FVF),见式(5.28),相应的参考值见式(5.29)。

$$\{NS,OSF,HNF,OLF,FVF\} \tag{5.28}$$

$$\{0,1,2,3,4\} \tag{5.29}$$

2. 提取传感器数据特征

数据准备好后,使用 4.1 节介绍的方法提取数据特征,选择均值方差和峰度作为模型的输入属性。提取数据特征的时间窗口设置为 12,并对提取的数据特征进行归一化处理。数据特征如图 5.6 和图 5.7 所示,图中的高亮点表示不可靠的特征数据。

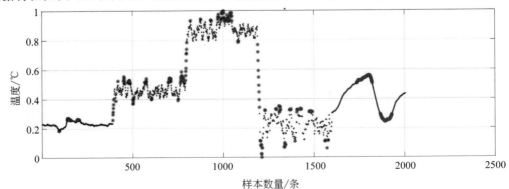

图 5.6　均值方差数据分布特征

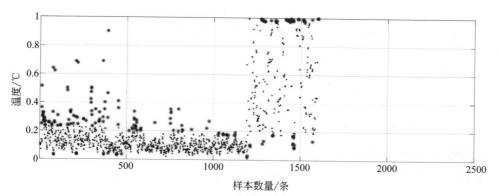

图 5.7 峰度数据分布特征

3. 确定模型输入属性的参考点和值

提取了模型的输入属性数据后，为每个属性设置参考点和参考值。根据图 5.7 和图 5.8 的数据分布特征，确定均值方差和峰度的参考点和参考值。均值方差的参考点是小（S）、相对小（RS）、中（M）、相对大（RL）和大（L），如表 5.2 所示。峰度的参考点为小（S）、相对小（RS）、相对大（RL）和大（L），如表 5.3 所示。

表 5.2 均值方差的参考点和参考值

参考点	S	RS	M	RL	L
参考值	−0.001	0.184	0.358	0.700	1.001

表 5.3 峰度的参考点和参考值

参考点	S	RS	RL	L
参考值	−0.001	0.010	0.275	1.001

4. 计算每个输入属性的质量因子

使用 4.2 节给出的均值方差和峰度质量因子的计算方法，得到均值方差和峰度的质量因子分别为 0.7062 和 0.7276。不同情况下的容忍范围设定如表 5.4 所示。

表 5.4 特征数据的公差范围参数

输入属性	诊断结果	平均价值	标准偏差	调整系数
均值方差	NS	0.2333	0.0213	1.14
	OSF	0.4633	0.0405	1.15
	HNF	0.8723	0.0563	0.94
	OLF	0.2236	0.0702	1.15
	FVF	0.4071	0.0987	0.94
峰度	NS	0.1715	0.1084	0.56
	OSF	0.1085	0.0571	1.02

输入属性	诊断结果	平均价值	标准偏差	调整系数
峰度	HNF	0.1018	0.0519	0.92
	OLF	0.5866	0.2924	0.98
	FVF	0.0090	0.0917	2

5. 初始化模型的其他参数

使用 4.4 节提出的 PCMA-ES 方法对这些参数进行优化。优化后,参数如表 5.5 所示,其中每一行表示模型中的一个规则。最后,利用 5.4.3 小节中给出的模型推理过程,结合优化后的参数,对传感器故障进行诊断并产生结果。

表 5.5 优化后的模型参数

| 序号 | 前提特征 | | 规则权重 | 置信分布 |
	均值方差	峰度		{NS, OSF, HNF, OLF, FVF}
1	S	S	0.1693	(0.21816 0.09817 0.27579 0.13844 0.26944)
2	S	RS	0.4936	(0.0024 0.40539 0.01229 0.03631 0.54362)
3	S	RL	0.9784	(0.0623 0.06429 0.06813 0.41309 0.39219)
4	S	L	0.9234	(0.09458 0.135282 0.065474 0.12399 0.580676)
5	RS	S	0.0062	(0.0448 0.517374 0.00352 0.000652 0.433654)
6	RS	RS	0.0118	(0.99599 0.00193 0.00006 0.00172 0.00031)
7	RS	RL	0.0028	(0.36190 0.36689 0.25268 0.00607 0.01246)
8	RS	L	0.0002	(0.30607 0.07011 0.12829 0.10386 0.39168)
9	M	S	0.8700	(0.00050 0.00036 0.00189 0.00124 0.99601)
10	M	RS	0.0001	(0.63492 0.05458 0.09995 0.15465 0.05589)
11	M	RL	0.0033	(0.22425 0.07192 0.08152 0.26334 0.35897)
12	M	L	0.0082	(0.02146 0.17697 0.07801 0.11676 0.60680)
13	RL	S	0.0094	(0.88110 0.07109 0.04148 0.00366 0.00267)
14	RL	RS	0.0723	(0.45348 0.30286 0.03648 0.01569 0.19148)
15	RL	RL	0.2681	(0.47403 0.19242 0.21118 0.0733 0.04904)
16	RL	L	0.0964	(0.21497 0.18619 0.08708 0.38059 0.13118)
17	L	S	0.7690	(0.00430 0.09177 0.34379 0.52273 0.03741)
18	L	RS	0.9867	(0.00018 0.56913 0.11641 0.03250 0.28178)
19	L	RL	0.9347	(0.08987 0.35595 0.10905 0.13588 0.30925)
20	L	L	0.3636	(0.08792 0.17882 0.23044 0.05537 0.44745)

6. 计算故障诊断模型的评价指标

以总准确率、假阴性率（false negative rate, FNR）和假阳性率（false positive rate, FPR）为评价指标，验证方法的有效性。假设无故障样本为阴性样本，有故障样本为阳性样本。上述指标的计算如下：

$$\text{Accuracy} = \frac{\text{Num}_{\text{right}}}{\text{Num}_{\text{sample}}} \tag{5.30}$$

式中，$\text{Num}_{\text{right}}$ 表示被模型正确诊断的样本数；$\text{Num}_{\text{sample}}$ 表示样本的总数。

$$\text{FNR} = \frac{\text{FN}}{\text{TP} + \text{FN}} \tag{5.31}$$

式中，FN 表示假阴性的样本数；TP 表示真阳性的样本数。

$$\text{FPR} = \frac{\text{FP}}{\text{FP} + \text{TN}} \tag{5.32}$$

式中，FP 表示假阳性的样本数；TN 表示真阴性的样本数。

5.5.2　与其他模型的比较

通过与其他模型的比较，验证本书模型的有效性。其中，包括 BRB-SR、人工神经网络、高斯回归过程、支持向量机、决策树和增强树。与 BRB-SR 方法的故障诊断结果比较如图 5.8 所示，不同模型的评价指标如图 5.9～图 5.11 所示。

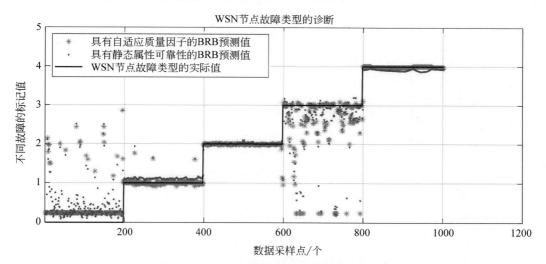

图 5.8　BRB-SAQF 和 BRB-SR 的诊断结果比较

通过 BRB-SAQF 和 BRB-SR 的诊断结果，可以看出 BRB-SAQF 的数值更接近实际情况，尤其是在参考值为 0 时，经过测试，BRB-SAQF 的总体准确率、FNR 和 FPR 分别为 91.1%、18.43% 和 1.37%。BRB-SR 的数值分别为 89.93%、22.94% 和 1.34%。造成 BRB-SR 方法诊断结果分散的原因是 BRB-SR 方法的容差范围不能全部计算不可靠数据，导致属性可靠性计算不准确。通过改进静态属性可靠性计算方法得到的质量因子计算方法可以有效地计算出波动数据中间区域的不可靠数据，使诊断更有针对性。

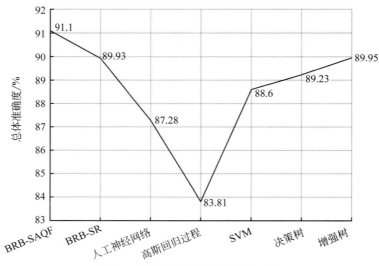

图 5.9　不同模型的总体准确度对比

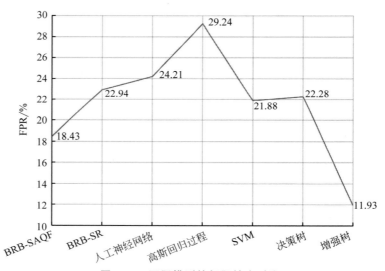

图 5.10　不同模型的假阳性率对比

　　首先,可以得出 BRB-SAQF 和 BRB-SR 方法的结果总体精度高于其他方法。其次,在误报率方面,BRB-SAQF 方法的误报率较低,不容易将节点误诊为故障。最后,在假阴性率方面,上述方法之间的差异较小,在 1.3% 左右波动,两种方法之间没有太大的差距。

　　造成上述结果的原因可以归纳为以下几点。首先,BRB-SAQF 引入了质量因子,改进了属性可靠性的计算方法,可以更有效地统计不可靠的数据。其次,BRB-SAQF 的推理过程与 BRB 的推理过程基本相似,能够处理不确定性信息,包括歧义性、随机性和无知性[15]。最后,BRB-SAQF 模型参数设置来源于专家经验和知识,参数设置更加合理。与神经网络方法相比,BRB-SAQF 方法具有更强的解释性和更适用于小样本、不平衡样

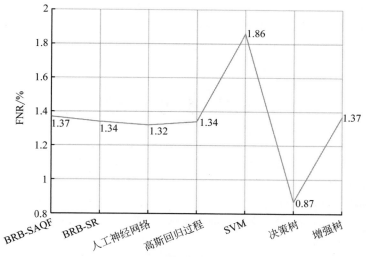

图 5.11　不同模型的假阴性率对比

本的训练。

综合上述因素的影响,BRB-SAQF 模型提高了 WSN 节点故障诊断的精度。

5.6　本章小结

通过对相关工作的分析和对案例研究的考察,可以得到以下结论。目前常用的无线传感器网络节点故障诊断方法存在一些不足。首先,该方法没有考虑传感器在故障诊断过程中采集的环境噪声的影响。其次,基于神经网络的方法利用权值和偏差参数拟合非线性函数,需要大量均匀的故障样本来训练模型参数。最后,属性可靠性计算使得 BRB-SR 方法在属性值发生较大变化时无法对中间段的不可靠数据进行统计,影响故障诊断的准确性,需要对其进行优化以获得更准确的诊断结果。

针对上述不足,提出将 BRB-SAQF 模型作为一种故障诊断方法。首先,设计了属性质量因子的计算方法,以弥补静态属性可靠性计算方法的不足,提高故障诊断的准确性。其次,BRB-SAQF 方法中的参数表示了属性的规则、权重和质量因子以及可能发生的故障的概率。专家们根据他们的经验和知识来初始化这些参数,这些参数更加合理和可解释。最后,由于 BRB 方法具有小样本训练的优势,故障样本的数量必须更少。通过 5.5 节的案例分析,本书提出的方法与 BRB-SR 等方法相比,准确度有所提高,预测值的分布也更加集中,这证明了本书提出方法的有效性。

然而,BRB-SAQF 作为 BRB 的一个派生方法,当模型有更多的前提属性或属性参考点时,BRB-SAQF 会引起规则组合爆炸的问题。因此,在未来的研究中,将重点关注以下几个方面。

(1) 研究和设计减少规则数量的方法,解决规则组合爆炸的问题。

(2) 设计网络结构的置信规则库,这样可以减少每个子模块的规则数量,同时降低初始化参数的难度。

（3）研究和设计网络结构 BRB 的构建方法，使模型的结构更符合被诊断对象的工作机理。

5.7　参　考　文　献

［1］ M. Angurala，V. Khullar. A survey on various congestion control techniques in wireless sensor networks［J］. International Journal on Recent and Innovation Trends in Computing and Communication，2022，10(8)：47-54.

［2］ P. Patil，Waghole，Deshpande. Sectoring method for improving various QoS parameters of wireless sensor networks to improve lifespan of the network[J]. International Journal on Recent and Innovation Trends in Computing and Communication，2022，10(6)：37-43.

［3］ M. S. Rajan，G. Dilip，N. Kannan，et al. Diagnosis of fault node in wireless sensor networks using adaptive neuro-fuzzy inference system[J]. Applied Nanoscience，2023(13)：1007-1015.

［4］ M. Zhao，Z. Tian，T. W. S. Chow. Fault diagnosis on wireless sensor network using the neighborhood kernel density estimation[J]. Neural Computing and Applications，2019，31(8)：4019-4030.

［5］ U Saeed，S U Jan，Y D Lee，et al. Fault diagnosis based on extremely randomized trees in wireless sensor networks[J]. Reliability Engineering & System Safety，2021(205)：107284.

［6］ Z. Noshad，N. Javaid，T. Saba，et al. Fault detection in wireless sensor networks through the random forest classifier[J]. Sensors，2019，19(7)：1568.

［7］ E. Moridi，M. Haghparast，M. Hosseinzadeh. Novel fault management framework using markov chain in wireless sensor networks：FMMC[J]. Wireless Personal Communications，2020，114(1)：583-608.

［8］ R. R. Swain，M. K. Pabitra，D. Tirtharaj. Multifault diagnosis in WSN using a hybrid metaheuristic trained neural network[J]. Digital Communications and Networks，2018，6(1)：86-100.

［9］ M. M. Gharamaleki，B. Shahram. A new distributed fault detection method for wireless sensor networks ［J］. IEEE Systems Journal，2020，14(4)：4883-4890.

［10］ S. Mohapatra，P. M. Khilar，R. R. Swain. Fault diagnosis in wireless sensor network using clonal selection principle and probabilistic neural network approach ［J］. International Journal of Communication Systems，2019，32(16)：e4138.

［11］ R Regin，S S Rajest，B Singh. Fault detection in wireless sensor network based on deep learning algorithms[J]. EAI Transactions on Scalable Information Systems，2021，21(32).

［12］ R. R. Swain，P. M. Khilar，T. Dash. Neural network based automated detection of link failures in wireless sensor networks and extension to a study on the detection of disjoint nodes[J]. Journal of Ambient Intelligence and Humanized Computing，2018，10(2)：593-610.

［13］ A. Javaid，N. Javaid，Z. Wadud，et al. Machine learning algorithms and fault detection for improved belief function based decision fusion in wireless sensor networks[J]. Sensors，2019，19(6)：1334.

［14］ J. B. Yang，J. Liu，J. Wang，et al. Belief rule-base inference methodology using the evidential reasoning approach-RIMER[J]. IEEE Transactions on Systems，Man，and Cybernetics—Part A：Systems and Humans，2006，36(2)：266-285.

［15］ Z. Zhou，Y. Cao，G. Hu，et al. New health-state assessment model based on belief rule base with interpretability[J]. Science China Information Sciences,2021,64(7):1-15.

[16] Z.J. Zhou,G.Y. Hu,C.H. Hu,et al. A survey of belief rule-base expert system[J].IEEE Transactions on Systems,Man,and Cybernetics: Systems,2019,51(8):4944-4958.

[17] G. Wang,Y. Cui,J. Wang,et al. A novel method for detecting advanced persistent threat attack based on belief rule base[J]. Applied Sciences,2021,11(21):9899.

[18] Z. Feng,Z. Zhou,C. Hu,et al. A safety assessment model based on belief rule base with new optimization method[J].Reliability Engineering & System Safety,2020(203):107055.

[19] H.L. Zhu,S.S. Liu,Y.Y. Qu,et al. A new risk assessment method based on belief rule base and fault tree analysis[J]. Proceedings of the Institution of Mechanical Engineers,Part O: Journal of Risk and Reliability,2021,236(3):420-438.

[20] Y. Cao,Z.J. Zhou,C.H. Hu,et al. A new approximate belief rule base expert system for complex system modelling[J]. Decision Support Systems,2021(150):113558.

[21] W. He,P.L. Qiao,Z.J. Zhou,et al. A new belief-rule-based method for fault diagnosis of wireless sensor network[J]. IEEE Access,2018(6):9404-9419.

[22] Z. Feng,Z.J. Zhou,C. Hu,et al. A new belief rule base model with attribute reliability[J]. IEEE Transactions on Fuzzy Systems,2018,27(5):903-916.

[23] D.N. Joanes,C.A. Gill. Comparing measures of sample skewness and kurtosis[J].Journal of the Royal Statistical Society (Series D): The Statistician,1998,47(1):183-189.

[24] W. He,L.C. Liu,J.P. Yang. Reliability analysis of stiffened tank-roof stability with multiple random variables using minimum distance and Lagrange methods[J]. Engineering Failure Analysis,2013 (32):304-311.

[25] B. K. Lad,M.S. Kulkarni. A parameter estimation method for machine tool reliability analysis using expert judgement[J]. International Journal of Data Analysis Techniques and Strategies,2010,2(2): 155-169.

[26] X. B. Xu,J. Zheng,D. L. Xu,et al. Information fusion method for fault diagnosis based on evidential reasoning rule[J]. Journal of Control Theory and Applications,2015(32):1170-1182.

[27] Z. J. Zhou,C.H. Hu,G.Y. Hu,et al. Hidden behavior prediction of complex systems under testing influence based on semiquantitative information and belief rule base[J]. IEEE Transactions on Fuzzy Systems,2015,23(6):2371-2386.

[28] Z. Feng,W. He,Z. Zhou,et al. A new safety assessment method based on belief rule base with attribute reliability[J]. IEEE/CAA Journal of Automatica Sinica,2020,8(11):1774-1785.

[29] X. Cheng,S. Liu,W. He,et al. A model for flywheel fault diagnosis based on fuzzy fault tree analysis and belief rule base[J]. Machines,2022,10(2):73.

[30] H. Zhu,W. Geng,J. Hanm. Constructing a WSN node fault detection model using the belief rule base [J]. CAAI Transactions on Intelligent Systems,2021,16(3):511-517.

[31] H. Zhu,J. Li,Y. Gao,et al. Consensus analysis of UAV swarm cooperative situation awareness[C]. Proc. ICVRIS,2020:415-418.

[32] Y. C. Ho. On the perturbation analysis of discrete-event dynamic systems [J]. Journal of Optimization,Theory and Applications,1985,46(4):535-545.

[33] N. Ramanathan, E. Kohler, D. Estrin. Towards a debugging system for sensor networks [J]. International Journal of Network Management,2005,15(4):223-234.

第 6 章　基于幂集置信规则库的无线传感器网络节点故障诊断

6.1　引　　言

无线传感器网络是由大量低功率传感器节点组成的,通过无线方式进行数据传输的计算机网络。其已被广泛应用于机械参数检测、矿山安全、医疗卫生、环境监测和智能家居等工程应用中,实时采集监测数据。WSN 通常工作在高温高压的恶劣环境中,诸多干扰因素难以避免。并且随着工作时间的累积,传感器节点发生故障的可能性逐渐增大。因此,为保证 WSN 采集数据的实时性和及时掌握 WSN 节点的运行状态,WSN 节点的故障诊断显得尤为重要[1]。

WSN 故障诊断方法分为三类,即模型分析法、数据驱动法和混合信息法。由于系统的复杂性和模型的相对简单性,基于模型分析的方法准确性较差。基于数据驱动的方法则需要大量均匀的故障样本才能获得较好的诊断结果。而且,无论是基于模型、数据驱动,还是混合信息的方法,都存在难以区分故障类型这一问题,即模糊信息无法识别,严重影响了故障诊断的准确性。

本书提出的 PBRB WSN 节点故障诊断方法有两个优点:①用幂集来识别由于数据特征相似性较高导致的故障分类的模糊信息;②模型初始参数是根据专家知识设定的,可以有效地提高模型诊断的准确性,对训练样本的数量依赖性较小。

6.2　相　关　工　作

近年来,由于 WSN 的广泛应用,WSN 节点故障诊断研究取得了丰硕成果,可以分为以下三类。

(1) 模型分析法。模拟仿真事物的认知过程,包括专家系统、模糊逻辑、决策树和假设检验等模型[2-7]。文献[4]将多尺度主成分分析与决策树结合,检测 WSN 节点的故障数据,并对故障进行分类;文献[5]分析了传感器节点的自身因素,提出了一种基于模糊逻辑的异构 WSN 的故障诊断方法;文献[6]构建了一个基于决策树的 WSN 故障诊断模型;文献[7]提出了一种基于递归主成分分析和支持向量数据描述相结合的 WSN 节点多分类的方法。这些方法不依赖故障样本,应用前景广泛,但模型容易受到复杂环境的影响,建模精度较低,学习能力较差。

（2）数据驱动法。对故障样本数据进行学习[8]，包括神经网络、极限学习机和极端随机树等[9-15]。文献[9]提出了一个基于反向传播神经网络的自动故障诊断模型，以确定WSN的硬故障和软故障类型；文献[10]提出了一种基于优化Fireworks算法的卷积神经网络的WSN节点故障诊断方法；文献[14]通过考虑改进的信任函数融合方法，提出了一种用于WSN故障诊断的增强型递归极限学习机方法。数据驱动法是WSN的主要故障诊断技术，其优点是模型精度高。但这些方法高度依赖历史数据的完整性，在建模过程中没有因果关系，且模型初始参数随机设置，这都导致模型的诊断精度有限。

（3）混合信息法。同时学习定性知识和定量数据[16]，包括马尔可夫、贝叶斯网络和置信规则库（belief rule base，BRB）等。文献[17]提出了一种基于耦合隐马尔可夫模型的多通道信息融合方法，用于机械设备的故障诊断；文献[18]提出了一种连续密度隐马尔可夫模型，与神经网络相结合，用于WSN中传感器设备的故障分类；文献[19]提出了一个基于马尔可夫转移场和深度残差网络的诊断模型；文献[20]通过故障树和贝叶斯网络之间的映射关系，构建了贝叶斯网络的故障诊断模型；文献[21]通过故障树和BRB的映射关系，提出了一种以贝叶斯网络为模型桥梁的故障诊断方法。然而，这些方法对模型的要求很高，只有在确定了诊断的故障类型和特征后，才能保证模型的有效性和准确性。

BRB模型是一种基于混合信息的复杂系统的建模方法[22]。BRB利用专家知识建立模型，利用历史数据训练参数。此外，BRB能够有效地处理随机性、模糊性、不确定性和不一致性问题[23]。BRB已被应用于医疗决策[24]、故障诊断[25]和安全评估[26]等领域。

在WSN节点故障诊断中，通过从原始采集数据中提取的数据特征来诊断WSN节点故障类型。然而，在工程实践中，不同类型的故障在特定时间区间内数据特征的相似度极高，给故障类型的辨别带来挑战。这些无法识别的故障信息被称为无知信息，包括局部无知和全局无知。因此，WSN节点故障诊断模型应具备描述无知信息的能力[27]。然而，BRB模型无法有效地表示这种无知信息。为解决BRB不能有效地描述局部无知的问题，文献[28]采用幂集框架来扩展BRB模型，使用幂集识别框架可以更有效地表示复杂系统的无知信息。

本书提出PBRB WSN节点的故障诊断方法。首先，定性信息和定量信息都作为模型的输入，形成适用于复杂系统的建模需求的If-Then规则。其次，可以识别因数据特征过于相似而模糊不清的故障类型信息，提高了故障诊断的准确性。最后，与数据驱动法相比，该方法更符合WSN故障诊断的工作机制，根据专家知识设置参数，在提高诊断精度的同时，保证模型的可解释性。

6.3　问题描述

本节阐述了WSN节点故障诊断中存在的问题，并基于PBRB构建WSN节点故障诊断模型。

6.3.1　WSN节点故障诊断的问题描述

在WSN中，大量的传感器节点分布在监测区域，以自组织的形式构成一个网络。传感器节点检测到的数据传输给汇聚节点,再通过互联网或卫星通信将数据传输到数据处理中心,如图 6.1 所示。

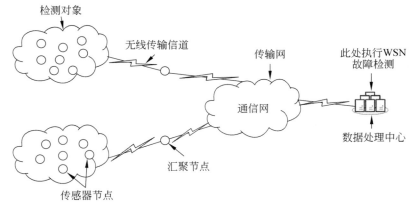

图 6.1　数据处理中心的 WSN 故障诊断

WSN 节点故障诊断包括以下 4 个难点问题。

(1) 数据特征的提取。在 WSN 中,不同传感器采集的数据具有相关性,包括时间相关性和空间相关性。当 WSN 节点发生故障时,时间和空间的相关性特征会发生变化。因此,需要对传感器收集的原始数据进行分析,并从数据中提取时间相关或空间相关的数据特征,作为模型的输入属性。提取过程可描述为

$$X = f(\bar{x}, \psi) \tag{6.1}$$

式中,$X = \{x_1, \cdots, x_M\}$ 表示模型输入的属性集,M 是属性数量;$f()$ 表示数据特征的提取过程;$\bar{x}$ 表示传感器采集的原始数据集;ψ 表示数据特征提取过程的参数集。

(2) 故障类型诊断结果的定义,包括全局无知和局部无知。在 WSN 节点故障诊断中,故障类型被作为模型的输出,Ω 为所有 WSN 故障类型的集合,可描述为

$$\Omega = \{D_1, \cdots, D_N\} \tag{6.2}$$

式中,D_i 表示第 i 个 WSN 节点的故障类型;N 表示 WSN 节点故障类型的数量。在 WSN 节点的故障诊断中,局部无知表示无法识别的故障是所有 N 种故障中的 J 种故障,$J < N$;全局无知表示故障可能是所有 N 种故障中的任何情况。局部无知和全局无知的故障类型集可描述为

$$2^{\Omega} = \{\varnothing, D_1, \cdots, D_N, \{D_1, D_N\}, \cdots, \{D_1, \cdots, D_{N-1}\}, \Omega\} \tag{6.3}$$

式中,$\varnothing$ 表示空集;$\{D_i, D_j\}$ 表示 WSN 节点的故障诊断结果可能是 D_i 和 D_j,用于描述局部无知;Ω 是一个完整集,用于描述全局无知;N 种故障类型的故障诊断结果具有 2^N 种可能性。

(3) WSN 节点的故障诊断。故障诊断过程可以用如下公式表示:

$$y = g(x_1, \cdots, x_M, \eta) \tag{6.4}$$

式中,$x_1, \cdots, x_M$ 表示问题(1)中提取的数据特征,即模型的输入属性;η 表示故障诊断过程的参数集;$g()$ 表示故障的诊断过程;y 表示问题(2)中定义的模型输出的幂集。

(4) 故障诊断模型的优化。模型的初始参数是由专家知识决定的,它符合置信分布的

总体趋势,但不是最优解。因此,需要通过优化算法调整参数以提高模型的诊断精度。模型参数的优化过程可以用如下公式描述:

$$\eta_{best} = h(\eta_0, r) \tag{6.5}$$

式中,$h()$表示模型参数的优化过程;r是优化过程的参数集;η_0是由专家知识初始化的模型参数集;η_{best}是优化后的参数集。

6.3.2　WSN 节点故障诊断的模型构建

针对上述 4 个问题,提出了基于 PBRB 的 WSN 节点故障诊断模型。在 PBRB 中,置信规则包含输出结果和输入属性的幂集识别框架,但幂集框架是基本的概率分布,而不是最终结果。最终结果需要通过规则融合算法得出。构建 K 条置信规则,其中第 k 条置信规则可以用如下公式描述:

$$R_k : \mathrm{If}(x_1 \text{ is } A_1^k), \cdots, (x_M \text{ is } A_M^k)$$

$$\mathrm{Then}\{(D_1, \beta_1^k), \cdots, (D_{2^N}, \beta_{2^N}^k)\}, \sum_{n=1}^{2^N} \beta_n^k = 1 \tag{6.6}$$

$$\mathrm{With\ rule\ weight\ } \theta_k \text{ and attribute weight } \delta_1, \cdots, \delta_M$$

式中,$R_k(k=1,\cdots,K)$表示 WSN 节点故障诊断模型中的第 k 条置信规则;$A_1^k, \cdots, A_M^k$ 表示 M 个输入属性参考点的值;$D_1, \cdots, D_{2^N}$ 是幂集中的故障类型集合;$\beta_n^k(n=1,\cdots,2^N)$ 表示幂集中不同输出结果的置信度;θ_k 是第 k 条置信规则的权重,用于描述规则的重要程度;$\delta_1, \cdots, \delta_M$ 是不同属性的权重,反映属性的重要程度。

基于 PBRB 的 WSN 节点故障诊断模型如图 6.2 所示,包括以下三部分:WSN 数据特征提取方法提取时间相关或空间相关的数据特征,作为 PBRB 的输入属性;PBRB 方法的幂集识别框架的特征可以用来表示 WSN 节点故障诊断结果的局部无知和全局无知,提高故障诊断的准确性;利用优化算法对 PBRB 中专家设定的初始参数进行优化,进一步提高模型的诊断精度。

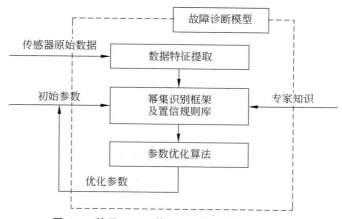

图 6.2　基于 PBRB 的 WSN 节点故障诊断模型

6.4　基于 PBRB 的 WSN 节点故障诊断模型

本节将给出 WSN 节点故障诊断的建模过程,包括构建模型、模型推理和模型优化。

6.4.1　构建模型

为有效地描述建模中 WSN 节点故障诊断问题,对 WSN 的故障机制和数据特征进行分析,WSN 节点故障诊断的构建过程如下。

(1) 构建模型的输入属性。WSN 节点故障诊断不能直接使用传感器原始数据,因此需要提取 WSN 节点的数据特征作为模型的输入。

WSN 是一个分布式数据收集网络,利用相同功能的传感器来采集检测目标的信息。如图 6.3 所示,4 个相邻传感器采集的温度信息在空间和时间上都存在一定的相似性。一是时间上的关联性,被检测对象的整体趋势在一段时间内是一致的,传感器采集的温度数据在时间上有相似的趋势。例如,WSN 用于监测一个地区的温度变化,而该地区的整体温度在一段时间内呈上升趋势,那么分布在该地区的传感器收集的数据都呈上升趋势,具有时间相似性。二是空间相关性,两个监测传感器节点离被检测对象越近,其差异越小,分布较近的传感器在监测数据上有很强的空间相似性。例如,监测某一地区的温度变化,当两个传感器节点之间的距离很近时,它们的监测数据几乎相同。

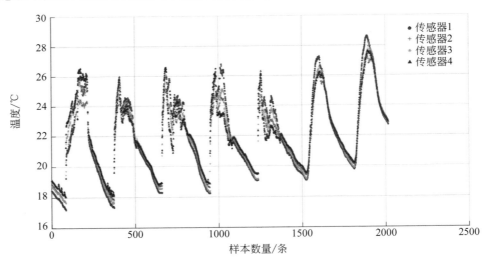

图 6.3　相邻传感器的温度数据

当 WSN 节点发生故障时,时间相关和空间相关的数据特征会发生变化。不同类型的故障的数据特征也是不同的。因此,选择 WSN 节点的时间相关性和空间相关性的数据特征作为模型的输入。

趋势相关是时间相关的一种表现形式。它表示收集到的数据在一个时期内趋势的相似程度,通过如下公式计算得出。

$$\chi = \frac{\sum_{k=0}^{T} [x_i(t-k) - \bar{x}_i(t)][x_j(t-k) - \bar{x}_j(t)]}{\sqrt{\sum_{k=0}^{T} [x_i(t-k) - \bar{x}_i(t)]^2 \sum_{k=0}^{T} [x_j(t-k) - \bar{x}_j(t)]^2}} \qquad (6.7)$$

式中，$x_i(t-k)[k=(0,\cdots,T)]$ 表示传感器 i 在时间段 $[t-T,t]$ 内采集的数据；$\bar{x}_i(t)$ 表示传感器 i 从时间 $t-T$ 到时间 t 内采集数据的均值。

残差特征被用于描述空间相关性，可描述为

$$\hat{\varepsilon} = x_i(t) - \frac{1}{S-1} \sum_{j=1, j \neq i}^{S} x_j(t) \qquad (6.8)$$

式中，$x_i(t)$ 表示传感器 i 在时间 t 上收集的数据；$\frac{1}{S-1} \sum_{j=1, j \neq i}^{S} x_j(t)$ 表示其他传感器在时间 t 上收集数据的均值；S 表示传感器节点的数量。

综上所述，趋势相关和残差特征被提取出来作为故障诊断模型的输入属性。

（2）构建模型的输出。在 WSN 节点故障诊断模型中，故障类型是模型的输出。WSN 节点故障类型分为偏移故障、高噪声故障、离群故障和固定值故障[29]，可以用如下公式描述：

$$\Omega = \{D_1, D_2, D_3, D_4\} \qquad (6.9)$$

式中，D_1 是偏移故障；D_2 是高噪声故障；D_3 是离群故障；D_4 是固定值故障。

故障类型之间的数据特征有时是相似的，使得模型难以区分具体的故障类型，产生局部无知和全局无知。为了更有效地表示局部无知和全局无知信息，定义了一个幂集辨识框架，公式如下：

$$2^{\Omega} = \begin{Bmatrix} \varnothing, D_1, D_2, D_3, D_4 \\ \{D_1, D_2\}, \{D_1, D_3\}, \{D_1, D_4\} \\ \{D_2, D_3\}, \{D_2, D_4\}, \{D_3, D_4\} \\ \{D_1, D_2, D_3\}, \{D_1, D_2, D_4\} \\ \{D_1, D_3, D_4\}, \{D_2, D_3, D_4\}, \Omega \end{Bmatrix} \qquad (6.10)$$

式中，$\varnothing$ 表示当前状态可能不是任何已定义的故障类型；$D_i(i=1,2,3,4)$ 表示当前故障是 D_i 类；$\{D_i, D_j\}(i,j=1,2,3,4, i \neq j)$ 表示当前状态可能是故障 D_i 或故障 D_j；$\{D_i, D_j, D_k\}$ 和 $\{D_i, D_j\}$ 具有类似含义；Ω 表示当前故障可能是已定义的类型。

（3）模型的置信规则定义为

$$R_k : \text{If } x_1 \text{ is } A_1^k \text{ and } x_2 \text{ is } A_2^k$$

$$\text{Then} \begin{Bmatrix} (\varnothing, \beta_1^k), (D_1, \beta_2^k), (D_2, \beta_3^k), (D_3, \beta_4^k) \\ (D_4, \beta_5^k), (\{D_1, D_2\}, \beta_6^k), (\{D_1, D_3\}, \beta_7^k) \\ (\{D_1, D_4\}, \beta_8^k), (\{D_2, D_3\}, \beta_9^k) \\ (\{D_2, D_4\}, \beta_{10}^k), (\{D_3, D_4\}, \beta_{11}^k) \\ (\{D_1, D_2, D_3\}, \beta_{12}^k), (\{D_1, D_2, D_4\}, \beta_{13}^k) \\ (\{D_1, D_3, D_4\}, \beta_{14}^k), (\{D_2, D_3, D_4\}, \beta_{15}^k) \\ (\Omega, \beta_{16}^k) \end{Bmatrix} \qquad (6.11)$$

With rule weight θ_k and attribute weight δ_1, δ_2

式中，x_1 和 x_2 表示模型的输入属性，即步骤（1）提取的趋势相关和残差特征；A_1^k 和 A_2^k 表示由专家知识设定的输入属性的参考点；$\beta_1^k, \cdots, \beta_{16}^k (k=1, \cdots, L)$ 表示诊断结果的概率分布，$\sum_{i=1}^{16} \beta_i^k = 1, \varnothing, D_i (i=1,2,3,4), \{D_i, D_j\} (i,j=1,2,3,4, i \neq j)$ 和 $\{D_i, D_j, D_k\}$ 的含义与式（6.10）相同；$\theta_k (k=1,2,\cdots,L)$ 表示每条规则的规则权重；δ_1, δ_2 表示输入属性权重。输入属性的参考点、诊断结果的概率分布、规则权重和输入属性权重都是由专家给出的。

6.4.2 模型推理

WSN 节点故障诊断的推理过程如图 6.4 所示。

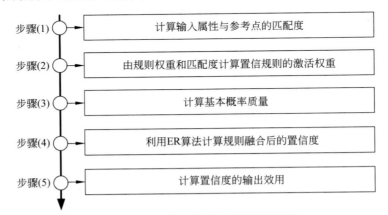

步骤(1)　计算输入属性与参考点的匹配度

步骤(2)　由规则权重和匹配度计算置信规则的激活权重

步骤(3)　计算基本概率质量

步骤(4)　利用 ER 算法计算规则融合后的置信度

步骤(5)　计算置信度的输出效用

图 6.4　WSN 节点故障诊断的推理过程

（1）利用属性的输入值和参考值来计算相应属性参考点的匹配度。假设第 i 个属性有 $[A_i^1, \cdots, A_i^k, A_i^{k+1}, \cdots, A_i^m]$ 共 m 个参考值，并且它们以递增的顺序排序。那么，第 k 和 $k+1$ 参考值的匹配度如下：

$$a_i^j = \begin{cases} \dfrac{A_i^{k+1} - x_i}{A_i^{k+1} - A_i^k}, & j=k, A_i^k \leqslant x_i \leqslant A_i^{k+1} \\ \dfrac{x_i - A_i^k}{A_i^{k+1} - A_i^k}, & j=k+1 \\ 0, & j=1,2,\cdots,m, j \neq k, j \neq k+1 \end{cases} \tag{6.12}$$

式中，a_i^j 表示第 i 个属性与第 j 条参考值的匹配度；x_i 是第 i 条输入属性的值；A_i^k 和 A_i^{k+1} 表示两个相邻的参考值；如果 x_i 在 $[A_i^k, A_i^{k+1}]$ 内，则计算 x_i 和 A_i^k、A_i^{k+1} 的匹配度；其他参考值的匹配度为 0。

（2）置信规则的激活权重由规则权重和匹配度来计算，公式如下：

$$\omega^k = \frac{\theta_k \prod_{i=1}^{M} (a_i^k)^{\delta_i}}{\sum_{j=l}^{K} \theta_j \prod_{i=1}^{M} (a_i^j)^{\delta_i}} \tag{6.13}$$

式中，ω^k 表示第 k 条置信规则的激活权重；$\theta_j (j=1,2,\cdots,K)$ 表示第 j 条规则的规则权重；K 表示规则的总数量；a_i^j 表示第 i 个属性在第 j 条规则中相应参考值的匹配度；δ_i 表示第

i 个属性的属性权重；当 $\omega^k \neq 0$ 时，当前规则被激活。

（3）计算基本概率质量，公式如下：

$$m_n^k = \omega^k \beta_n^k \tag{6.14}$$

$$\bar{m}_{2^\Omega}^k = 1 - \omega^k \tag{6.15}$$

式中，ω_k 表示第 k 条规则的激活权重；β_n^k 表示第 n 个结果在第 k 条规则的判别框架中的置信度；m_n^k 表示第 $n(n=1,\cdots,2^N)$ 种故障状态的第 $k(k=1,\cdots,K)$ 条置信规则的基本概率质量；$\bar{m}_{2^\Omega}^k$ 表示第 k 条置信规则中不分配给故障状态的基本概率质量。

（4）规则融合后的置信度由 ER 算法计算，公式如下：

$$\kappa = \frac{l}{\sum\limits_{n=1}^{2^N} \prod\limits_{k=1}^{K} (m_n^k + \bar{m}_{2^\Omega}^k) - (2^N - 1) \prod\limits_{k=1}^{K} \bar{m}_{2^\Omega}^k} \tag{6.16}$$

$$\beta_n = \frac{\kappa \left[\prod\limits_{k=1}^{K} (m_n^k + \bar{m}_{2^\Omega}^k) - \prod\limits_{k=l}^{K} \bar{m}_{2^\Omega}^k \right]}{l - \kappa \left[\prod\limits_{k=1}^{K} \bar{m}_{2^\Omega}^k \right]} \tag{6.17}$$

式中，$\beta_n(n=1,\cdots,2^N)$ 表示幂集识别框架中结果的置信度；N 表示故障类型的数量；K 表示规则的数量；m_n^k 和 $\bar{m}_{2^\Omega}^k$ 由式(6.14)和式(6.15)计算。

（5）置信度的输出效用的公式如下：

$$y = \sum_{n=1}^{2^N} D_n \beta_n \tag{6.18}$$

式中，$D_n, n=1,2,\cdots,2^N$ 表示幂集识别框架中的 2^N 个结果；$\beta_n, n=1,2,\cdots,2^N$ 表示在幂集识别框架中产生的 2^N 条结果的置信度；N 表示故障类型的数量。例如，存在一个识别框架 $\{(1,0.2),(2,0.3),(3,0.5)\}$，则输出效用 $y=1\times0.2+2\times0.3+3\times0.5=2.3$。此时计算结果最接近 2，所以效用值为 2。

6.4.3　模型优化

WSN 节点故障诊断模型的初始参数是由专家知识构建的，因此存在两个问题：一是提取的数据特征在某些情况下是相似的；二是随着属性数量的增加，初始参数的设置变得更加困难。虽然由专家知识设定的初始参数与 WSN 的工作机制一致，但它们并不是最优的。因此，需要通过数据对模型进行训练优化，以获得更准确的模型参数。优化目标函数用如下公式表示：

$$\begin{aligned} &\min\ \mathrm{MSE}(\eta) \\ &\mathrm{s.t.}\ \ \sum_{n=1}^{2^N} \beta_n^k = 1 \\ &\qquad 0 \leqslant \beta_n^k \leqslant 1,\ k=1,\cdots,K,\ n=1,\cdots,2^N \\ &\qquad 0 \leqslant \theta_k \leqslant 1,\ k=1,\cdots,K \\ &\qquad 0 \leqslant \delta_m \leqslant 1,\ m=1,\cdots,M \end{aligned} \tag{6.19}$$

式中，$\eta = [\theta_1,\cdots,\theta_K,\beta_1^1,\cdots,\beta_{2^N}^1,\beta_1^K,\cdots,\beta_{2^N}^K,\delta_1,\cdots,\delta_M]$ 表示故障诊断模型的参数集。均方

误差被用作优化算法的目标函数,用 MSE(·) 表示。该目标函数的公式如下:

$$\mathrm{MSE}(\eta) = \frac{1}{\mathrm{NUM}} \sum_{i=1}^{\mathrm{NUM}} (y^i - y^i_{\mathrm{excepted}}) \tag{6.20}$$

式中,NUM 表示训练样本的数量;y^i 是 WSN 节点故障诊断模型中第 i 条训练样本的实际输出;y^i_{expected} 是第 i 条训练样本的预期输出。

本书采用 P-CMA-ES 算法来优化模型参数,如图 6.5 所示。

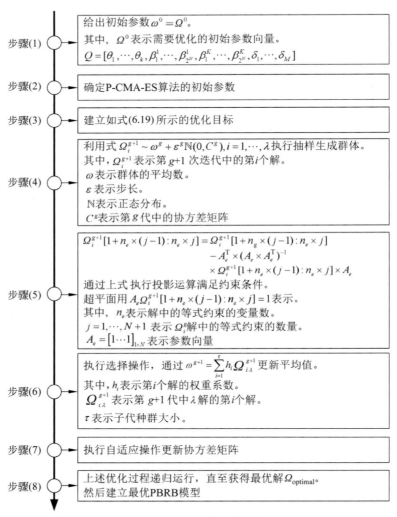

步骤(1)　给出初始参数 $\omega^0 = \Omega^0$。
其中,Ω^0 表示需要优化的初始参数向量。
$Q = [\theta_1, \cdots, \theta_k, \beta_1^1, \cdots, \beta_{2^N}^1, \beta_1^K, \cdots, \beta_{2^N}^K, \delta_1, \cdots, \delta_M]$

步骤(2)　确定 P-CMA-ES 算法的初始参数

步骤(3)　建立如式(6.19)所示的优化目标

步骤(4)　利用式 $\Omega_i^{g+1} \sim \omega^g + \varepsilon^g \mathrm{N}(0, C^g), i = 1, \cdots, \lambda$ 执行抽样生成群体。
其中,Ω_i^{g+1} 表示第 $g+1$ 次迭代中的第 i 个解。
ω 表示群体的平均数。
ε 表示步长。
N 表示正态分布。
C^g 表示第 g 代中的协方差矩阵

步骤(5)　$\Omega_i^{g+1}[1 + n_e \times (j-1) : n_e \times j] = \Omega_i^{g+1}[1 + n_g \times (j-1) : n_e \times j]$
$- A_e^{\mathrm{T}} \times (A_e \times A_e^{\mathrm{T}})^{-1}$
$\times \Omega_i^{g+1}[1 + n_e \times (j-1) : n_e \times j] \times A_e$
通过上式执行投影运算满足约束条件。
超平面用 $A_e \Omega_i^{g+1}[1 + n_e \times (j-1) : n_e \times j] = 1$ 表示。
其中,n_e 表示解中的等式约束的变量数。
$j = 1, \cdots, N+1$ 表示 Ω_i^g 解中的等式约束的数量。
$A_e = [1 \cdots 1]_{1 \times N}$ 表示参数向量

步骤(6)　执行选择操作,通过 $\omega^{g+1} = \sum_{i=1}^{\tau} h_i \Omega_{i,\lambda}^{g+1}$ 更新平均值。
其中,h_i 表示第 i 个解的权重系数。
$\Omega_{i,\lambda}^{g+1}$ 表示第 $g+1$ 代中 λ 解的第 i 个解。
τ 表示子代种群大小。

步骤(7)　执行自适应操作更新协方差矩阵

步骤(8)　上述优化过程递归运行,直至获得最优解 $\Omega_{\mathrm{optimal}}$。
然后建立最优 PBRB 模型

图 6.5　P-CMA-ES 优化算法流程图

6.4.4　建模过程

WSN 节点故障诊断的建模过程如下。

(1)提取传感器数据的相关特征,并将其作为诊断模型的输入属性。

(2)通过专家知识,构建基于 PBRB 的 WSN 节点故障诊断模型。

(3) 基于 ER 解析算法,设计故障诊断模型的推理过程。

(4) 利用 P-CMA-ES 算法作为诊断模型初始参数的优化算法。

6.5 实 验 验 证

6.5.1 数据描述

本实验选择英特尔伯克利研究实验室收集和发布的 WSN 数据集,该数据集包含从 2004 年 2 月 28 日至 4 月 5 日期间 54 个传感器采集的数据信息。每个传感器节点采集的数据包括温度、湿度、光线和电压。

(1) 传感器在实验室中的排列方式如图 6.6 所示。根据传感器的安装位置,选择 1~4 号传感器作为本书的数据来源。

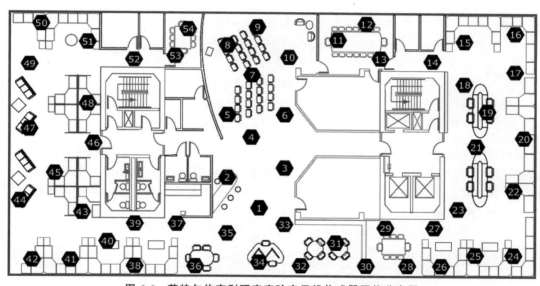

图 6.6 英特尔伯克利研究实验室无线传感器网络分布图

(2) 原始数据整理。传感器在一段时间内有数据丢失现象,且传感器 1~4 的数据量和时间不一致。因此,采用平均值的方法来补足缺失的数据。最后,从 3 月 1~7 日,每隔 5 分钟对 1~4 号传感器的数据进行处理,共得到每个传感器的 2016 条数据。

(3) 在传感器 1 上进行故障数据模拟。仿真方法如表 6.1 所示。传感器 1 上模拟故障数据后的效果如图 6.7 所示,正常采样点的温度均在 10~30℃。其中,1~399 为正常数据;400~799 的偏移故障数据值比正常数据高 0~10℃;800~1199 的高噪声故障数据值比正常数据高 10~20℃;随机抽取 1200~1599 数据点的 10%,用 0~40℃的随机温度值替换,生成离群故障数据;1600~2016 的固定值故障数据值均为样本 1599 的值,在图中显示为一条水平线段。

表 6.1　不同类型故障的仿真方法

故障类型	模 拟 方 法
偏移故障	在 400～799 的样本上随机叠加一个 0～10 内的随机数
高噪声故障	在样本 800～1199 上随机叠加一个 10～20 内的随机数
离群故障	从样本 1200～1599 中随机抽取 10% 的离散数据样本，用 0～40 内的随机数替换
固定值故障	将样本 1600～2016 内的值改为样本 1599 的值

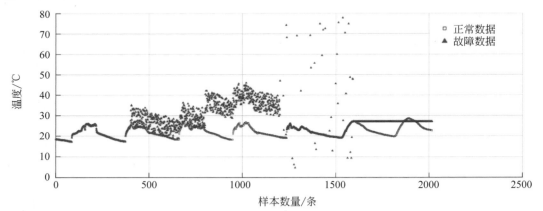

图 6.7　传感器 1 的模拟故障数据

6.5.2　构建模型

（1）提取趋势相关和残差特征的数据特征。为建立 WSN 节点的故障诊断模型，首先需要从原始传感器数据中提取数据特征。趋势相关是由式（6.7）所示的方法计算的，用 x_1 表示。残差特征的计算方法如式（6.8）所示，用 x_2 表示。趋势相关和残差特征的计算结果分别如图 6.8 和图 6.9 所示。

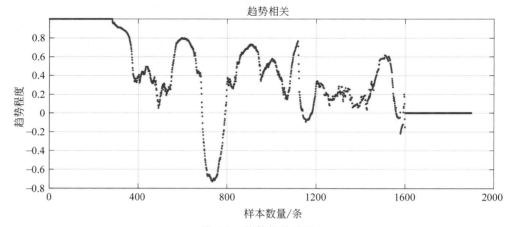

图 6.8　趋势相关结果

模型结构如图 6.10 所示。

（2）定义输入属性的参考点和参考值。通过分析输入属性 x_1 和 x_2 的数据特征与图

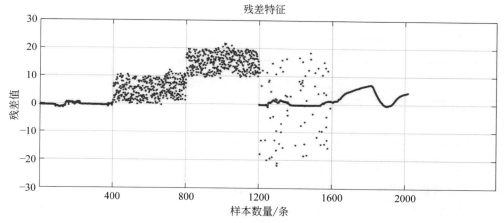

图 6.9 残差特征结果

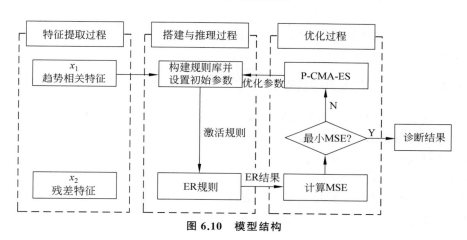

图 6.10 模型结构

表,可以确定两个输入属性的参考点。x_1 有 7 个参考点,分别是非常低(VL)、相对低(RL)、低(L)、中等(M)、高(H)、相对高(RH)和非常高(VH),见式(6.21)。参考点对应的参考值如表 6.2 所示。x_2 有 7 个参考点,分别是非常低(VL)、相对低(RL)、低(L)、中等(M)、高(H)、相对高(RH)和非常高(VH),见式(6.22)。参考点对应的参考值如表 6.3 所示。为模型的输出结果设定 5 个参考点,分别是正常(N)、偏移故障(OSF)、高噪声故障(HNF)、离群故障(OF)和固定值故障(FVF),见式(6.23)。参考值如表 6.4 所示。

$$x_1 = \{VL, RL, L, M, H, RH, VH\} \tag{6.21}$$

$$x_2 = \{VL, RL, L, M, H, RH, VH\} \tag{6.22}$$

$$y = \{N, OSF, HNF, OF, FVF\} \tag{6.23}$$

表 6.2 趋势相关的参考点和参考值

参考点	VL	RL	L	M	H	RH	VH
参考值	1.1	0	0.2	0.4	0.6	0.8	1.1

表 6.3　残差特征的参考点和参考值

参考点	VL	RL	L	M	H	RH	VH
参考值	−23	−10	0	5	10	15	23

表 6.4　模型输出的参考点和参考值

参考点	N	OSF	HNF	OF	FVF
参考值	0	1	2	3	4

根据 6.4.1 小节的模型构建过程,参照故障类型集 y 来构建幂集框架。由数据特征的图形化表示,可以发现在定义的故障中只有相邻故障有局部无知。因此,可以去掉幂集框架中不存在的局部无知和全局无知,得到辨识框架:

$$y' = \{N, \{N, OSF\}, OSF, \{OSF, HNF\}, HNF, \\ \{HNF, OF\}, OF, \{OF, FVF\}, FVF\} \tag{6.24}$$

(3) 通过步骤(1)提取的数据特征和步骤(2)确定的参考点与参考值,构建由 49 条规则组成的初始置信规则库。

6.5.3　模型的训练和测试

模型训练完毕后,利用测试数据验证模型的准确性和有效性。

(1) 确定训练数据和迭代次数。在 6.5.1 小节的步骤(3)中,对传感器 1 的不同类型的故障数据进行模拟仿真,提取数据特征。根据机器学习中常用的训练集和测试集的比例,将提取的数据特征随机分为 8:2、7:3、6:4、5:5、4:6、3:7,共 6 组。

(2) 利用三个评价指标验证模型的有效性。

第一个指标是总体精度,公式如下:

$$\text{Overall\_acc} = \frac{\text{TN}}{\text{all}} \times 100 \tag{6.25}$$

式中,TN 表示正确诊断的样本数;all 表示样本总数。

第二个指标是故障诊断精度,公式如下:

$$\text{Fault\_acc} = \frac{\text{FN}'}{\text{FN}} \times 100 \tag{6.26}$$

式中,FN 表示故障样本的数量;FN′表示正确诊断的故障样本的数量。

第三个指标是故障检测率,公式如下:

$$\text{Check\_rate} = \frac{\text{FN}''}{\text{FN}} \times 100 \tag{6.27}$$

式中,FN 表示故障样本的数量;FN″表示诊断结果是故障样本且源数据也是故障样本的样本数量。

(3) 确定模型迭代次数,对模型进行训练。模型训练的迭代次数分别设为 100、200、400、800、1600 和 2000 次,步骤(2)中三个评价指标的变化过程如图 6.11 所示。本模型的迭代次数设置为 1600 次。

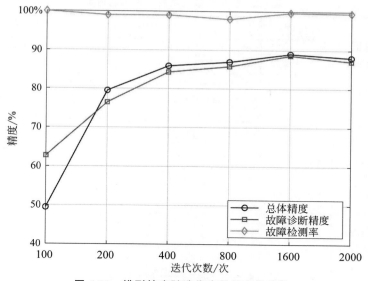

图 6.11　模型精度随迭代次数的变化趋势

6.5.4　不同优化算法的比较

规则权重、属性权重和置信度参数的初始值是由专家设定的,不是故障诊断的最优参数集,因此需要通过优化算法调整参数集,以获得更好的诊断结果。BRB 模型常见的优化算法有微分进化算法(DE)[30]、FMINCON 函数[31]以及 P-CMA-ES 方法[32-33]。为了选择更适合本书的优化算法,可使用 6.5.3 小节步骤(1)中 6 种不同比例的数据对 3 种优化算法分别进行测试,结果如图 6.12 所示。可以看出,DE 算法的 MSE 值最大,FMINCON 和 P-CMA-ES 方法的 MSE 值次之,P-CMA-ES 方法略优于 FMINCON 方法;DE 算法和 P-CMA-ES 方法花费的时间较少。综合考虑 MSE 值和时间成本,选择 P-CMA-ES 方法作为模型参数的优化方法。

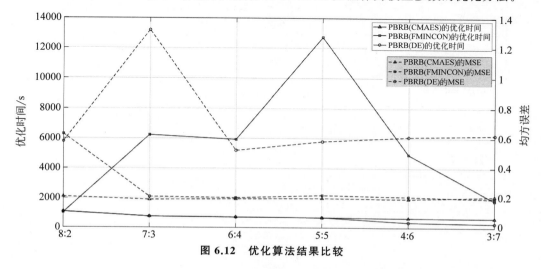

图 6.12　优化算法结果比较

利用 P-CMA-ES 对 PBRB 模型的初始参数进行优化后,置信规则表如表 6.5 所示。

表 6.5　模型参数优化后的置信规则表

序号	规则权重	前提特征 x_1	前提特征 x_2	规则中辨识框架的置信度分布 {N,{N,OSF},OSF,{OSF,HNF},HNF,{HNF,OF},OF,{OF,FVF},FVF}
1	0.399529974	VL	VL	{0.11545,0.020355,0.15021,0.0073873,0.2955,0.088801,0.2482,0.055848,0.018236}
2	0.884038038	VL	RL	{0.074501,0.03547,0.308,0.010765,0.21753,0.010129,0.087667,0.12902,0.12691}
3	0.576651296	VL	L	{0.0023282,0.0037552,0.0075553,0.0040417,0.0078722,0.25359,0.0064325,0.064026,0.6504}
4	0.903089289	VL	M	{0.44123,0.12672,0.15136,0.054862,0.068459,0.011103,0.10221,0.042993,0.0010561}
5	0.304424816	VL	H	{0.33713,0.37554,0.01902,0.013802,0.008199,0.097889,0.023963,0.06298,0.061469}
6	0.034714151	VL	RH	{0.12604,0.32635,0.019356,0.018511,0.25233,0.0080164,0.18146,0.022055,0.045887}
7	0.952804018	VL	VH	{0.069273,0.14017,0.09287,0.085504,0.26369,0.017867,0.2099,0.010557,0.11017}
8	0.3237199	RL	VL	{0.10123,0.044336,0.24541,0.12796,0.094825,0.057874,0.11255,0.17972,0.036097}
9	0.569802694	RL	RL	{0.00079271,0.0020787,0.0050308,0.00598,0.0054318,0.0071128,0.010104,0.33297,0.6305}
10	0.000594206	RL	L	{0.065542,0.01169,0.098833,0.0062164,0.098245,0.04041,0.25554,0.3208,0.10272}
11	0.032400634	RL	M	{0,0,0,0.000267,0.0010848,0,0.0030628,0.0021301,0.99364}
12	0.001569747	RL	H	{0.33749,0.046717,0.015232,0.30554,0.15658,0.0010073,0.049411,0.056738,0.031285}
13	0.349087936	RL	RH	{0.14313,0.0086841,0.15991,0.011042,0.31032,0.10989,0.13681,0.0068827,0.11334}
14	0.009531977	RL	VH	{0.029807,0.085941,0.013389,0.15317,0.19785,0.31303,0.0078153,0.19111,0.0078896}
15	0.060143858	L	VL	{0.050049,0.12411,0.010426,0.29478,0.12299,0.076335,0.20129,0.096598,0.023434}
16	1	L	RL	{0.0052607,0.0025745,0.083712,0.097321,0.12056,0.0045116,0.0067235,0.27887,0.40046}
17	0.142667231	L	L	{0.014407,0.11414,0.0016368,0.11815,0.012236,0.060193,0.23947,0.36557,0.074203}
18	0.081354952	L	M	{0.13157,0.052286,0.0077227,0.01513,0.020888,0.3866,0.20403,0.0034161,0.17836}
19	0.029183296	L	H	{0.23743,0.64169,0.037147,0.049445,0.018404,0.0027982,0.0025077,0.0088973,0.0016894}
20	0.788192356	L	RH	{0.045688,0.14098,0.013851,0.26247,0.076148,0.026352,0.22905,0.022671,0.18279}

序号	规则权重	前提特征		规则中辨识框架的置信度分布
		x_1	x_2	{N,{N,OSF},OSF,{OSF,HNF},HNF,{HNF,OF},OF,{OF, FVF},FVF}
21	0.644560024	L	VH	{0.21415, 0.062333, 0.070602, 0.088775, 0.025262, 0.27236, 0.091476,0.013664,0.16138}
22	0.615972989	M	VL	{0.039148,0.0107,0.0080824,0.016983,0.11598,0.051009,0.335, 0.23488,0.18822}
23	0.014966941	M	RL	{0.090879, 0.15404, 0.10957, 0.040033, 0.011336, 0.4126, 0.014906,0.15882,0.0078213}
24	0.114503188	M	L	{0.30202, 0.12944, 0.24657, 0.098925, 0.11354, 0.043025, 0.014214,0.0063892,0.045876}
25	0.398891895	M	M	{0.5326, 0.027558, 0.071872, 0.045141, 0.19132, 0.0020263, 0.027525,0.039554,0.062406}
26	7.61169×10^{-5}	M	H	{0.2106, 0.27317, 0.023461, 0.04197, 0.021375, 0.0028051, 0.064145,0.1319,0.23058}
27	0.889461496	M	RH	{0.12443,0.016554,0.081213,0.12473,0.17322,0.20419,0.20283, 0.01781,0.05501}
28	0.105470958	M	VH	{0.12453, 0.20933, 0.0069261, 0.071924, 0.052146, 0.29303, 0.025139,0.024612,0.19236}
29	0.77626393	H	VL	{0.067203,0.18075,0.16794,0.062219,0.13276,0.1368,0.12478, 0.051967,0.075566}
30	0.992519391	H	RL	{0.0030521, 0.30969, 0.00039447, 0.050446, 0.10656, 0.18908, 0.1269,0.21353,0.0003362}
31	0.187562322	H	L	{0,0,0.002528,0.0033252,0.10184,0.0052884,0.13939,0.26073, 0.4874}
32	0.646065683	H	M	{0.40952, 0.31575, 0.0040091, 0.037773, 0.022622, 0.0040326, 0.16204,0.0038513,0.040403}
33	0.156381892	H	H	{0.00081054, 0.0094361, 0.24418, 0.26878, 0.033386, 0.070094, 0.042281,0.20089,0.13015}
34	0.366103612	H	RH	{0.00050531,0.062234,0.31206,0.131,0.13815,0.034392,0.1529, 0.13598,0.032775}
35	0.297837179	H	VH	{0.09299, 0.1899, 0.024836, 0.064693, 0.30527, 0.030432, 0.065971,0.014697,0.2112}
36	0.708587308	RH	VL	{0.024263,0.018946,0.045449,0.22304,0.075586,0.084306, 0.12995,0.094788,0.30367}
37	0.204247808	RH	RL	{0.11586, 0.15345, 0.01189, 0.16214, 0.010336, 0.10576, 0.0081615,0.28551,0.14689}
38	0.37275653	RH	L	{0.61625, 0.30428, 0.049802, 0.0072397, 0.014736, 0.0029189, 0.0027477,0,0.002201}
39	0.996848591	RH	M	{0.34157, 0.024249, 0.29396, 0.058938, 0.20486, 0.032458, 0.016887,0.015002,0.012081}
40	0.36579236	RH	H	{0.11419, 0.13033, 0.0094586, 0.15198, 0.10677, 0.080684, 0.27026,0.10252,0.033802}

序号	规则权重	前提特征		规则中辨识框架的置信度分布 {N,{N,OSF},OSF,{OSF,HNF},HNF,{HNF,OF},OF,{OF,FVF},FVF}
		x_1	x_2	
41	0.705622324	RH	RH	{0.19704, 0.12974, 0.01917, 0.21543, 0.010068, 0.0078929, 0.095593,0.010264,0.3148}
42	0.322165953	RH	VH	{0.17864, 0.097687, 0.052442, 0.031136, 0.025114, 0.2601, 0.03801,0.22456,0.092318}
43	0.023256976	VH	VL	{0.012036, 0.087267, 0.032161, 0.18292, 0.079334, 0.18631, 0.15823,0.10249,0.15925}
44	0.349244664	VH	RL	{0.31911, 0.19144, 0.021428, 0.019725, 0.044562, 0.02411, 0.065145,0.05613,0.25835}
45	0.986747975	VH	L	{0.99506,0.0024281,0.0020914,0,0.0024628,0,0,0,0}
46	0.64769478	VH	M	{0.0016223, 0.063919, 0.3821, 0.061863, 0.056823, 0.25212, 0.03316,0.021439,0.12695}
47	0.658565611	VH	H	{0.14947, 0.079303, 0.11347, 0.0073799, 0.057477, 0.20393, 0.15675,0.15326,0.07896}
48	0.375137552	VH	RH	{0.033137, 0.24617, 0.0073748, 0.028994, 0.036864, 0.03905, 0.21558,0.14237,0.25046}
49	0.842594229	VH	VH	{0.026995, 0.016485, 0.15844, 0.05408, 0.091956, 0.084011, 0.021042,0.19358,0.35341}

6.5.5 与其他方法的比较

首先,使用本书提出的 PBRB 方法,按照 6.5.3 小节步骤(1)定义的训练集和测试集的划分方法,执行 6 组故障诊断实验。记录每组实验的总体精度、故障诊断精度和故障检测率,如表 6.6 所示。

表 6.6 基于 PBRB 的模型结果

实验组	8：2	7：3	6：4	5：5	4：6	3：7
总体精度	90.50%	88.58%	88.52%	88.50%	86.73%	87.26%
故障诊断精度	90.04%	89.04%	87.38%	89.05%	84.64%	87.13%
故障检测率	100.00%	100.00%	99.67%	100.00%	99.43%	100.00%

其次,将 PBRB 模型分别与反向传播神经网络(BPNN)、K-近邻(KNN)、极限学习机(ELM)和无幂集的置信规则库(BRB)的 WSN 节点的故障诊断方法进行比较。

由图 6.13 可以看出,PBRB 方法的总体精度最高,BRB 方法次之。其他三种诊断方法的总体精度在第 2 组测试后开始迅速下降。原因如下:一是与 BRB 方法相比,PBRB 方法能更好地描述结果中的局部无知,因此 PBRB 方法的总体精度略高于 BRB 方法;二是PBRB 和 BRB 方法初始参数中的置信度由专家知识初始化,更接近诊断的最优解,置信度代表概率的大小,更符合 WSN 的机制,而其他方法的参数是随机设置的,目的是尽可能地拟合非线性函数,没有机制上的支持,因此诊断效果不如 BRB 和 PBRB 方法;三是 PBRB 方法和 BRB 方法的初始参数是根据被诊断对象的机理设置的,更适合小样本训练,而其他方法通过调整参数来拟合近似的非线性函数,当训练样本较少时,拟合效果会受到较大影响,从而导致总体精度急剧下降。

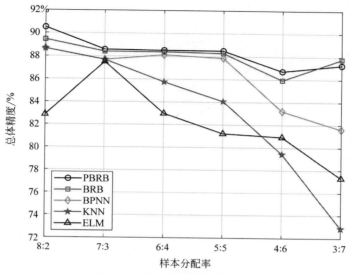

图 6.13　不同模型的总体精度

由图 6.14 可以看出,PBRB 的故障诊断精度最高,其次是 BRB 方法。其他三种的故障诊断精度在后几组测试中出现了明显的下降。原因如下:一是由于 PBRB 和 BRB 方法可以更好地处理提取的数据特征中的模糊信息,同时根据专家知识设置的初始参数与 WSN 机制一致,所以它们可以去获得更好的诊断结果;二是 BPNN、KNN 和 ELM 方法的初始参数是随机的,利用推理过程拟合了一个非线性函数,当训练样本较少时,模型效果会明显下降。

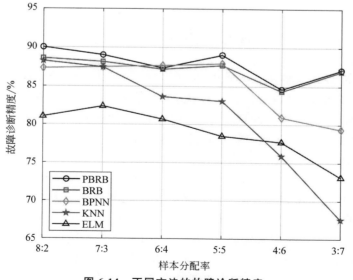

图 6.14　不同方法的故障诊断精度

　　由图 6.15 可以看出,PBRB 方法的故障检测率最高,有三组 100% 的检测率。其他方法的检测率均低于 PBRB 方法的检测率。原因如下:一是 BPNN、KNN 和 ELM 方法在前 5 组实验中具有较好的故障检测率,但考虑到它们的总体精度和故障诊断精度在第 3 组之后出现了明显的下降,说明它们的错误检测率很高;二是 PBRB 能够有效地处理模糊不确定性的信息输入和符合机制的初始参数设置,因此在高检出率的情况下,故障诊断精度没有大幅度下降。

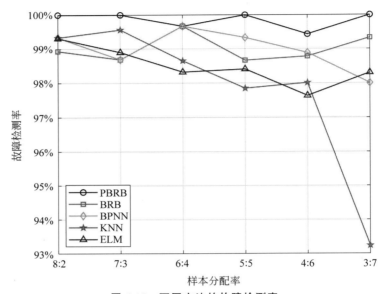

图 6.15　不同方法的故障检测率

　　综上,PBRB 方法有以下三个优点:一是它可以有效地处理模糊的不确定信息及由其引起的局部无知;二是 PBRB 模型的初始参数是根据专家知识设定的,与 WSN 的机制一致;三是 PBRB 方法在小样本训练的情况下仍然可以获得良好的诊断结果。

6.6　本章小结

　　现有的 WSN 故障诊断方法存在以下问题:第一,由于故障数据特征的相似性产生的局部无知和全局无知无法体现,影响了模型的诊断精度;第二,这些方法的参数设置是随机的,没有实际的物理意义,模型的可解释性很差;第三,数据驱动的方法需要大量的训练数据以提高模型的精度,当训练数据较少时,模型精度较差。

　　本书提出一种基于 PBRB 的 WSN 节点的故障诊断方法。第一,局部无知和全局无知由一个幂集表示;第二,模型的初始参数由专家知识决定,这与 WSN 的工作机制一致,并减少了对训练样本数量的依赖;第三,选择 P-CMA-ES 算法优化模型的参数。

　　然而,本书提出的方法仍有一定的局限性,未来将从以下几个方面进行研究。

　　(1) PBRB 模型的推理过程需要优化,以提高模型的诊断精度。

　　(2) 提取新的 WSN 节点数据特征,降低数据特征的模糊性和不确定性。

　　(3) 研究置信规则消除方法,解决规则组合爆炸问题。

6.7 参考文献

[1] Gaddam A.,Wilkin T.,Angeloa M.,et al. Detecting sensor faults,anomalies and outliers in the internet of things: a survey on the challenges and solutions[J]. Electronics,2020,9(3): 511.

[2] Wang N.,Wang J. C.,Chen X. M.. A trust-based formal model for fault detection in wireless sensor networks[J]. Sensors,2019,19(8): 1916.

[3] Lavanya S.,Prasanth A.,Jayachitra S.,et al. A tuned classification approach for efficient heterogeneous fault diagnosis in IoT-enabled WSN applications[J].Measurement,2021(183): 109771.

[4] Febriansyah I. I.,Saputro W. C.,Achmadi,et al. Outlier detection and decision tree for wireless sensor network fault diagnosis[C]. International Conference on Information & Communication Technology and System (ICTS),2021: 56-61.

[5] Masdari M.,Özdemir S.. Towards coverage-aware fuzzy logic-based faulty node detection in heterogeneous wireless sensor networks[J]. Wireless Personal Communications,2020(111): 581-610.

[6] Laiou A.,Malliou C. M.,Lenas S. A.,et al.Autonomous fault detection and diagnosis in wireless sensor networks using decision trees[J]. Journal of Communications,2019,14(7): 544-552.

[7] Sun Q.,Sun Y.,Liu X.,et al. Study on fault diagnosis algorithm in WSN nodes based on RPCA model and SVDD for multi-class classification[J].Cluster Computing,2019(22): 6043-6057.

[8] Bae J.,Lee,M.,Shin,C. A data-based fault-detection model for wireless sensor networks [J]. Sustainability,2019,11(21): 6171.

[9] Swain R. R.,Khilar P. M.,Dash,T. Multi-fault diagnosis in WSN using a hybrid meta-heuristic trained neural network[J]. Digital Communications and Networks,2020,6(1): 86-100.

[10] Gui W.,Lu Q.,Su M.,et al. Wireless sensor network fault sensor recognition algorithm based on MM * diagnostic model[J]. IEEE Access,2020(8): 127084-127093.

[11] Prasad R.,Baghel R. K. A novel fault diagnosis technique for wireless sensor network using feedforward neural network[J]. IEEE Sensors Letters,2022,6(1): 1-4.

[12] Fan F.,Chu S C.,Pan J S.,et al. An optimized machine learning technology scheme and its application in fault detection in wireless sensor networks[J]. Journal of Applied Statistics,2023,50(3): 592-609.

[13] Ragin R.,Rajest S S.,Singh B.. Fault detection in wireless sensor network based on deep learning algorithms[J]. EAI Endorsed Transactions on Scalable Information Systems,2021(8): 169578.

[14] Javaid A.,Javaid N.,WadudZ.,et al. Machine learning algorithms and fault detection for improved belief function based decision fusion in wireless sensor networks[J]. Sensors,2019,19(6): 1334.

[15] Saeed U.,Jan S. U.,Lee Y D.. Fault diagnosis based on extremely randomized trees in wireless sensor networks[J]. Reliability Engineering & System Safety,2021(205): 107284.

[16] Manlin Chen,Zhijie Zhou,Zhang B.,et al. A novel combination belief rule base model for mechanical equipment fault diagnosis[J]. Chinese Journal of Aeronautics,2022,35(5): 158-178.

[17] Zhao,Q. Fault diagnosis method for wind power equipment based on hidden Markov model[J]. Wireless Communications and Mobile Computing,2022.

[18] Emperuman M.,Chandrasekaran S.. Hybrid continuous density HMM-based ensemble neural networks for sensor fault detection and classification in wireless sensor network[J].Sensors,2020,20 (3): 745.

[19] Yan J., Kan J., Luo H. Rolling bearing fault diagnosis based on Markov transition field and residual network[J]. Sensors, 2022, 22(10): 3936.

[20] Zhang C., Fang W., Zhao, B., et al. Study on fault diagnosis method and application of automobile power supply based on fault tree-Bayesian network[J]. Security and Communication Networks, 2022.

[21] Cheng X., Liu S., He W., et al. A model for flywheel fault diagnosis based on fuzzy fault tree analysis and belief rule base[J]. Machines, 2022, 10(2): 73.

[22] Yang J B., Liu J. Sii H S., et al. Belief rule-base inference methodology using the evidential reasoning approach-RIMER[J]. IEEE Transactions on Systems, Man, and Cybernetics, Part A: Systems and Humans, 2005, 36(2): 266-285.

[23] Zhou Z J., Hu G Y., Wen C L., et al. A survey of belief rule-base expert system[J]. IEEE Transactions on Systems, Man, and Cybernetics: Systems, 2019, 51(8): 4944-4958.

[24] S. H. Li, J. F. Feng, W. He, et al. Health assessment for a sensor network with data loss based on belief rule base[J]. IEEE Access, 2020(8): 126347-126357.

[25] Zhu H L., Liu S S., Qu Y Y, et al. A new risk assessment method based on belief rule base and fault tree analysis[J]. Proceedings of the Institution of Mechanical Engineers, Part O: Journal of Risk and Reliability, 2021(236): 420-438.

[26] Feng Z., Zhou Z J., Hu C., et al. A new belief rule base model with attribute reliability[J]. IEEE Transactions on Fuzzy Systems, 2019, 27(5): 903-916.

[27] Tang S W., Zhou Z J., Hu CH., et al. Perturbation analysis of evidential reasoning rule[J]. IEEE Transactions on Systems, Man, and Cybernetics: Systems, 2019, 51(8): 4895-4910.

[28] Zhou Z J., Hu G Y., Zhang B C.. A model for hidden behavior prediction of complex systems based on belief rule base and power set[J]. IEEE Transactions on Systems, Man, and Cybernetics: Systems, 2018, 48(9): 1649-1655.

[29] Ramanathan N., Kohler E., Estrin D.. Towards a debugging system for sensor networks[J]. International Journal of Network Management, 2005, 15(4): 223-234.

[30] Ul Islam R., Hossain M. S., Andersson K. A learning mechanism for BRBES using enhanced belief rule-based adaptive differential evolution[C]. 2020 Joint 9th International Conference on Informatics, Electronics & Vision (ICIEV) and 2020 4th International Conference on Imaging, Vision & Pattern Recognition (icIVPR), 2020: 1-10.

[31] Yang J.-B., Liu J., Xu D.-L., et al. Optimization models for training belief-rule-basedsystems[J]. IEEE Transactions on Systems, Man, and Cybernetics-Part A: Systems and Humans, 2007, 37(4): 569-585.

[32] Cao Y., Zhou Z. J., Hu C. H., Tang, et al. A new approximate belief rule base expert system for complex system modelling[J]. Decision Support Systems, 2021(150): 113558.

[33] Feng Z., He W., Zhou Z., et al. A new safety assessment method based on belief rule base with attribute reliability[J]. IEEE/CAA Journal of Automatica SINICA, 2021, 8(11): 1774-1785.

第7章 复杂环境下无线传感器网络健康维护决策

7.1 引 言

WSN 已被广泛应用于在复杂环境下监测系统的运行状态,如原油存储罐、液体运载火箭等设施的运行状态。在复杂环境下监测信息的准确度会直接影响用户维护决策的准确度,因此保证 WSN 的健康状态是提高监测信息准确度的前提保障[1-3]。

在现有研究中,研究者们在 WSN 的健康管理方面已经取得诸多优秀成果。李洋等[4]提出基于粗糙集—优化概率神经网络的 WSN 节点故障诊断算法;Snoussi 等[5] 提出了一种用于 WSN 动态监测的贝叶斯分布式在线变化检测算法;Tae 等[6] 总结了 WSN 的优点和缺点,并给出了提高安全性的方法。这些研究能够有效地提高 WSN 的可靠性和安全性。

在实际工程应用中,WSN 是由安装在不同位置的多个传感器设备组成的。最优维护决策是 WSN 健康管理的一个重要方面,为用户提供 WSN 的最优维护时机可有效地降低 WSN 故障发生的概率。现实系统的最优维护决策主要面临两个问题,即检测数据的缺乏和复杂的系统机理[7-8]。一方面,随着装备制造业的发展,传感器的可靠性不断提高,传感器发生故障的概率不断降低,因此可获取的故障数据较少[9]。仅根据获取的小采样故障数据无法准确地提供维护决策,为提高最优维护决策的准确性,必须提供 WSN 的其他信息。另一方面,当 WSN 负责监测复杂系统的状态时,其监测的位置是分散的,其监测的特征也是不同的,仅凭专家给出最优的维护时机可能过于滞后,增加了 WSN 维护的成本,因为专家无法为最优维护决策提供准确的网络信息。此外,专家知识的不确定性和模糊性也增加了专家知识使用的难度。综上所述,为提高 WSN 的可靠性,降低其维护成本,在 WSN 最优维护决策中需要解决上述分析的两个问题。

置信规则库专家系统是由 Yang 等根据模糊理论、If-Then 规则和证据推理提出的[10-11]。在 BRB 模型中,同时利用定量的检测数据和定性的专家知识[12-14],并能很好地处理专家知识的不确定性、模糊性和不完整性。鉴于 BRB 模型的优良性能,它已被广泛应用于安全评估、故障诊断和健康预测等多个实际工程领域。Zhou 等[14] 提出了一种考虑环境干扰因素的基于 BRB 的故障预测模型;Feng 等[15] 为保障基于 BRB 的安全评价模型的可解释性,提出了一种基于可行方向法的 BRB 优化方法。在 BRB 模型中,通过融合检测数据和专家知识来扩展 WSN 的信息来源,从而在工程应用中解决 WSN 最优维护决策中存在的检测数据的缺乏和复杂的系统机理两个问题[16-18]。另外,Wiener 过程作为一种经典的预测方法,能够根据系统当前的状态来预测系统的未来状态。由于其工程适应性强,Wiener 过程被广泛地应用于复杂系统的生命预测和健康预测等领域。

本书基于 BRB 模型和 Wiener 过程提出了 WSN 的最优维护决策模型,该模型由两部分组成,即基于 BRB 的健康评估模型和基于 Wiener 过程的健康预测模型。基于 BRB 的健康评估模型用于评估 WSN 在当前系统状态下的健康状态,基于 Wiener 过程的健康预测模型用于预测 WSN 未来的健康状态。由领域专家给出基于 BRB 的健康评估模型的初始结构和参数[19]。初始的健康评估模型无法准确地评估 WSN 的健康状态,为有效解决专家知识的不确定性问题,本书提出基于投影协方差矩阵自适应进化策略(projection covariance matrix adaption evolution strategy,P-CMA-ES)的优化模型,该模型同时训练健康评估模型和健康预测模型[20]。

7.2 问题描述

在 WSN 最优维护决策模型中存在检测数据缺乏、专家知识使用难度大和无线传感器网络系统复杂性高等问题。7.2.1 小节进行了问题描述,7.2.2 小节基于 BRB 构建了无线传感器网络的最优维护决策模型。

7.2.1 复杂环境下最优维护决策的问题描述

WSN 最优维护模型中存在如下问题。

(1) 对于 WSN 的健康评估决策,检测数据的质量是构建模型的基础。随着电子元器件产品质量的不断提高,无线传感器网络中传感器设备的可靠性也越来越高,因此传感器发生故障的概率降低。但传感器在长时间工作后发生故障是不可避免的,而采集的传感器故障数据较少,小样本故障数据无法支持建立一个精确的最优维护决策模型,这是第一个需要解决的问题。

(2) WSN 被用于监测系统的运行状态。对于复杂的系统而言,传感器的分布范围是广泛的。无线传感器网络中传感器的检测信息具有强非线性和强耦合性,领域专家是无法为无线传感器网络的最优维护决策提供准确的决策信息。另外,专家知识的不确定性、不完整性和模糊性也增加了使用专家知识的难度,在利用专家知识的同时必须使用其他信息,这是第二个需要解决的问题。

为解决上述问题,构建如下公式的最优维护决策模型:

$$T_{opt}(t) = \Psi\{\Xi[x_1(t), x_2(t), \cdots, x_M(t)], K_{thre}, R\} \tag{7.1}$$

式中,$T_{opt}(t)$ 表示在 t 时刻无线传感器网络的最优维护时机;$\Xi()$ 和 $\Psi()$ 分别表示非线性的健康评估模型和非线性的健康预测模型;K_{thre} 是由专家给出的维护阈值;R 表示最优维护决策模型中使用的专家知识;$x_1(t), x_2(t), \cdots, x_M(t)$ 表示在 t 时刻无线传感器网络的 M 个特征的检测数据。

7.2.2 基于 BRB 的无线传感器网络最优维护决策模型

本书提出的 WSN 最优维护决策模型由健康评估模型和健康预测模型两部分组成。

BRB 模型是一种同时融合检测数据和专家知识的专家系统。在健康评估模型中包含多条置信规则,其中第 k 条置信规则可以表示为

$$B_k(t): \text{If } x_1(t) \text{ is } A_1^k \wedge x_2(t) \text{ is } A_2^k \wedge \cdots \wedge x_M(t) \text{ is } A_M^k,$$
$$\text{Then } H(t) \text{ is } \{(D_1, \beta_{1,k}), \cdots, (D_N, \beta_{N,k})\} \quad (7.2)$$
$$\text{With rule weight } \theta_k, \text{ characteristic weight } \delta_1, \delta_2, \cdots, \delta_M$$

式中,$H(t)$ 表示在 t 时刻 WSN 评估的健康状态;M 表示无线传感器网络特征的数量;$x_i(t), i=1, \cdots, M$ 表示在 t 时刻第 i 个网络特征的检测数据;$A_1^k, A_2^k, \cdots, A_M^k$ 表示传感器网络的 M 个特征属性在第 k 条置信规则中的参考点,用于将不同格式的检测数据转换为统一的数据格式[21];$\{(D_1, \beta_{1,k}), \cdots, (D_N, \beta_{N,k})\}$ 表示健康评估模型的等级输出结果,$D_1, \cdots, D_N$ 是健康评估模型的 N 个参考等级,$\beta_{1,k}, \cdots, \beta_{N,k}$ 是对应等级的置信度;θ_k 表示第 k 条规则的权重;$\delta_1, \delta_2, \cdots, \delta_M$ 是 M 个特征的权重[22]。

接着根据 WSN 评估的健康状态,基于 Wiener 过程的 WSN 未来健康预测模型可以表示为

$$\Phi = H(t) + \varphi(t)t + \psi(t)\Xi(t) \quad (7.3)$$

式中,Φ 表示预测的未来健康状态;$\varphi(t)$ 和 $\psi(t)$ 分别表示在 t 时刻基于 Wiener 过程的参数;$\Xi(t)$ 是服从标准正态分布的布朗运动。

WSN 的最优维护时机是由维护阈值 K_{thre} 和预测的健康状态 Φ 联合决定的。最优维护决策模型的建模过程如图 7.1 所示。

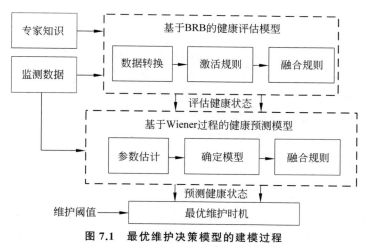

图 7.1 最优维护决策模型的建模过程

7.3 无线传感器网络最优维护决策的推理

本节给出了 WSN 最优维护决策模型的推理过程,由两部分组成,即健康评估模型和健康预测模型,分别见 7.3.1 小节和 7.3.2 小节。

7.3.1 基于 BRB 的健康评估模型

基于 BRB 的健康评估模型的建模过程包括检测数据转换、置信规则激活、置信规则组合和健康状态估算。

（1）在工程应用中，不同特征具有不同的数据格式，利用如下公式将网络特征的检测数据转换为统一的数据格式。

$$m_j^i(t) = \begin{cases} \dfrac{A_{i(k+1)} - x_i^*(t)}{A_{i(k+1)} - A_{ik}}, & j=k, A_{ik} \leqslant x_i^*(t) \leqslant A_{i(k+1)} \\ \dfrac{x_i^*(t) - A_{ik}}{A_{i(k+1)} - A_{ik}}, & j=k+1 \\ 0, & j=1,2,\cdots,|x_i|, j \neq k, k+1 \end{cases} \tag{7.4}$$

式中，$m_j^i(t)$ 表示在 t 时刻第 i 个特征和第 j 个参考点的匹配度；A_{ik} 和 $A_{i(k+1)}$ 分别表示在第 k 条和第 $k+1$ 条置信规则中第 i 个特征的参考点；$|x_i|$ 表示包含第 i 个特征的置信规则的数量[23]。

（2）每个参考点的匹配度计算完毕后，网络特征的输入信息和第 k 条置信规则的匹配度使用如下公式计算得出。

$$\overline{\delta}_i = \frac{\delta_i}{\max\limits_{i=1,\cdots,T_k}\{\delta_i\}}, \quad 0 \leqslant \overline{\delta}_i \leqslant 1 \tag{7.5}$$

$$m_k = \prod_{i=1}^{T_k} (m_k^i)^{\overline{\delta}_i} \tag{7.6}$$

式中，m_k 表示输入信息和第 k 条置信规则的匹配度；T_k 表示第 k 条置信规则中特征的数量；$\overline{\delta}_i$ 是第 i 个特征的相对权重，用来表示其在 T_k 个特征中的相对重要程度[24]，$0 \leqslant \overline{\delta}_i \leqslant 1$。

根据计算得到的输入信息的匹配度，规则库中的置信规则被不同程度地激活。其中，第 k 条置信规则的匹配度由如下公式计算得出。

$$w_k = \frac{\theta_k m_k}{\sum\limits_{l=1}^{L} \theta_l m_l}, \quad k=1,\cdots,L \tag{7.7}$$

式中，w_k 表示第 k 条置信规则的激活权重；L 表示基于 BRB 的健康评估模型中的规则数量；θ_k 表示在规则库中第 k 条规则的相对重要程度的规则权重[25]。

（3）根据规则的激活权重，计算规则输出的健康状态。由于置信规则的输出形式不同，无法直接获得健康状态，可以通过证据推理（evidential reasoning，ER）算法的解析方式来计算最终输出结果。ER 解析算法如下：

$$\beta_n = \frac{\mu\left[\prod\limits_{k=1}^{L}\left(w_k\beta_{n,k} + 1 - w_k\sum\limits_{j=1}^{N}\beta_{j,k}\right) - \prod\limits_{k=1}^{L}\left(1 - w_k\sum\limits_{j=1}^{N}\beta_{j,k}\right)\right]}{1 - \mu\left[\prod\limits_{k=1}^{L}(1 - w_k)\right]} \tag{7.8}$$

$$\mu = \left[\sum_{n=1}^{N}\prod_{k=1}^{L}\left(w_k\beta_{n,k} + 1 - w_k\sum_{j=1}^{N}\beta_{j,k}\right) - (N-1)\prod_{k=1}^{L}\left(1 - w_k\sum_{j=1}^{N}\beta_{j,k}\right)\right]^{-1} \tag{7.9}$$

式中，β_n 表示第 n 个输出参考等级 D_n 的组合输出置信度；L 和 N 表示置信规则的数量和输出等级的数量；在建模过程中，无线传感器网络的健康状态是不断变化的，最优的维护时机是由当前时刻的健康状态决定的。

（4）输出的健康参考等级的组合置信度，表示健康状态在不同参考等级的概率。最终的健康状态由如下公式计算得出。

$$u[x(t)] = \sum_{n=1}^{N} u(D_n)\beta_n \tag{7.10}$$

式中，$u[x(t)]$ 表示在 t 时刻通过采集到的传感器网络特征检测信息 $x(t)$ 评估得到的健康状态；$u(D_n)$ 是由专家给出的参考等级的效用值，用于在最终评估健康状态中衡量不同参考等级的影响。

7.3.2　基于 Wiener 过程的健康预测模型

通过状态监测技术能够获得监控系统当前的退化水平，并与维护阈值进行比较，从而获得最优维护决策时机指导系统维护工作。Wiener 过程是被广泛应用于工程实践的经典预测方法[26-27]。

Wiener 过程本质上是布朗运动的数学模型。当悬浮粒子受到碰撞后，一直在做不规则运动，称为布朗运动。用 $W(t)$ 表示运动过程中粒子从 $t=0$ 到 $t>0$ 的位移横坐标，假定 $W(0)=0$。根据爱因斯坦的理论，在每一个瞬间，粒子都会受到其他粒子的冲撞，瞬间冲力的方向和大小都不相同，这种冲撞永不停止。故粒子在 (s,t) 的位移是多个小位移之和。假定位移 $W(t)-W(s)$ 服从正态分布，在不交叉的时间区间，粒子冲力的大小和方向互相干扰，表示位移 $W(t)$ 具有独立的增量。

Wiener 过程是典型的随机过程，属于独立增量过程。

【定义 7-1】　$\{X(t),t\geq 0\}$ 是二阶距过程，$\{X(t)-X(s),0\leq s<t\}$ 为随机过程在 $(s,t]$ 区间上的增量。对任意的 $n(n\in N)$ 和 $0\leq t_0<t_1<\cdots<t_n$，n 个增量 $X(t_1)-X(t_0)$，$X(t_2)-X(t_1)$，$\cdots$，$X(t_n)-X(t_{n-1})$ 是相互独立的，称为独立增量过程。

若二阶距过程 $\{W(t),t\geq 0\}$ 满足条件：

（1）独立增量；

（2）对 $\forall t>s\geq 0$，有增量 $W(t)-W(s)\sim N(0,\sigma^2(t-s))$，$\sigma>0$；

（3）$W(0)=0$，

则称为 Wiener 过程。

Wiener 过程增量分布只依赖时间差，是齐次的独立增量过程，服从正态过程。对 $n(n\geq 1)$ 个时间点 $0<t_1<t_2<\cdots<t_n$，$W(t_k)=\sum_{i=1}^{k}[W(t_i)-W(t_{i-1})]$，$k=1,2,\cdots,n$。

由（1）～（3）可知，由 n 维正态变量的性质可推导出 $W(t_1)$，$W(t_2)$，$\cdots$，$W(t_n)$ 是 n 维正态变量，即 $\{w(t),t\geq 0\}$ 是正态过程。

由（2）和（3）可知，$W(t)\sim N(0,\sigma^2 t)$，所以 Wiener 过程的期望和方差函数为 $E[W(t)]=0$，$D_w(t)=\sigma^2 t$，σ^2 称为 Wiener 过程的参数。

Wiener 过程的特点如下。

（1）是一个马尔可夫过程。

（2）具有独立增量。

（3）服从正态分布,方差随时间区间长度的增长呈现线性增长。

在工程应用中,预防性维护决策可以改善系统的退化状态,保证系统的运行可靠性和经济可承受性。当系统经历 N 次预防性维护后,若其退化水平超过设定的失效阈值 w,表示设备可能已经失效。为了避免发生事故以及财产损失,需要及时对监测系统进行维护决策。Liu(2017)等设计了时变条件下跟踪和预测 RL 的 Wiener 过程模型[28];Zhang(2018)等考虑并量化变点处退化量的不确定性,利用两阶段 Wiener 过程退化模型推导出基于首达时间意义的寿命分布[29];孙曙光(2019)等采用 Wiener 过程预测万能式断路器操作附件的剩余机械寿命[30];董青(2022)等考虑个体差异性的两阶段构建了自适应的 Wiener 过程剩余寿命预测[31];Yu(2022)等提出了一个基于广义 Wiener 过程的退化模型,该模型具有非线性、时间不确定性、项到项的可变性和时变退化的特点[32];李军星(2022)等采用广义 Wiener 过程建立滚动轴承剩余寿命预测模型[33]。本书将 Wiener 过程用于预测 WSN 的最优维护时机。

基于 BRB 的健康评估模型对 WSN 的健康状态进行了评估,然后利用以下模型对 WSN 的未来健康状态进行预测。

$$\Phi(t_i) = \Theta(t_{i-1}) + \varphi(t_i)\Delta t + \psi(t_i)\Xi(\Delta t) \tag{7.11}$$

式中,$\Phi(t_i)$ 和 $\Theta(t_{i-1})$ 分别表示在 t_i 时刻和 t_{i-1} 时刻 WSN 的健康状态;$\Delta t = t_i - t_{i-1}$,表示两个时刻的间隔;$\Xi(\Delta t)$ 表示布朗运动,$\Xi(\Delta t) \sim N(0, \Delta t)$;$\varphi(t_i)$ 和 $\psi(t_i)$ 分别表示健康预测模型的退化系数和扩散系数。

健康状态的变化可以通过以下定理得到。

【定理 7-1】 健康状态预测模型的退化系数和扩散系数可以由如下公式计算得出。

$$\hat{\varphi}(t_i) = \frac{\sum_{j=1}^{T(t_i)} \Delta \Phi_j}{\sum_{j=1}^{T(t_i)} \Delta t_j} \tag{7.12}$$

$$\hat{\psi}(t_i) = \sum_{j=1}^{T(t_i)} \frac{\left[\Delta \Phi_j - \varphi(t_i)\Delta t_j\right]^2}{\Delta t_j} \tag{7.13}$$

式中,$\Delta \Phi_j$ 表示无线传感器网络健康状态的第 j 个变化;$T(t_i)$ 表示在 t_i 时刻无线传感器网络健康状态的可用数量。

证明:

（1）状态转变的变化可由如下公式计算得出。

$$\begin{aligned} \Delta \Phi &= \Phi(t_i) - \Phi(t_{i-1}) \\ &= \varphi(t_i)\Delta t + \psi^2(t_i)\Xi(\Delta t) \end{aligned} \tag{7.14}$$

（2）状态转移变化的平均值和方差可以通过如下公式计算得出。

$$E(\Delta \Phi) = \varphi(t_i)\Delta t \tag{7.15}$$

$$D(\Delta \Phi) = \psi^2(t_i)\Delta t \tag{7.16}$$

（3）状态转变的变化服从正态分布 $N[\varphi(t_i)\Delta t, \psi^2(t_i)\Delta t]$,$\Delta \Phi$ 的概率分布可以描

述为

$$f(\Delta\Phi) = \frac{1}{\sqrt{2\pi\psi^2(t_i)\Delta t}} \exp\left\{-\frac{[\Delta\Phi - \varphi(t_i)\Delta t]^2}{2\psi^2(t_i)\Delta t}\right\} \tag{7.17}$$

（4）最大似然函数的构造如下：

$$L(\Delta\Phi) = \prod_{j=1}^{T(t_i)} \frac{1}{\sqrt{2\pi\psi^2(t_i)\Delta t_j}} \exp\left\{-\frac{[\Delta\Phi_j - \varphi(t_i)\Delta t_j]^2}{2\psi^2(t_i)\Delta t_j}\right\} \tag{7.18}$$

$$\ln L(\Delta\Phi) = -\frac{1}{2}\ln 2\pi\psi^2(t_i) + \sum_{j=1}^{T(t_i)}\left(-\frac{1}{2}\ln\Delta t_j\right) - \sum_{j=1}^{T(t_i)}\frac{[\Delta\Phi_j - \varphi(t_i)\Delta t_j]^2}{2\psi^2(t_i)\Delta t_j} \tag{7.19}$$

（5）健康预测模型的退化系数和扩散系数可通过如下公式计算得出。

$$\begin{cases} \dfrac{\partial \ln L(\Delta\Phi)}{\partial \varphi(t_i)} = 0 \\ \dfrac{\partial \ln L(\Delta\Phi)}{\partial \psi(t_i)} = 0 \end{cases} \tag{7.20}$$

至此，通过该定理可以得到健康预测模型的退化系数 $\hat{\varphi}(t_i)$ 和扩散系数 $\hat{\psi}(t_i)$ 的估算值。

基于无线传感器网络健康状态的预测，最优维护时机可由如下公式计算得出。

$$T_{\text{optimal}} = t_p, \quad \text{if } \Phi(t_p) < \Phi_{\text{thre}} \tag{7.21}$$

式中，T_{optimal} 表示最优维护时机；Φ_{thre} 表示由领域专家综合考虑无线传感器网络的可靠性和维护成本给出的维护阈值。

WSN 预测的健康状态低于维护阈值时，也可能是由环境噪声引起的。为了提高最优维护时机的准确性，本书在多个连续时刻不间断地监控预测的健康状态。例如，只有在 t、$t+1$ 和 $t+2$ 时刻健康状态的预测值都低于 Φ_{thre} 时，t 时刻才会被认定为最优的维护时机。

7.4　无线传感器网络最优维护决策的优化和建模

由于专家知识的不确定性，初始最优维护决策模型无法准确地提供维护时机。本节构建了最优维护决策模型的优化模型，并总结了模型的建模过程。

7.4.1　基于 P-CMA-ES 的优化模型

健康评估模型的优化目标是达到实际的健康状态和估算的健康状态之间的误差值的最小化，因此利用实际的健康状态和估算的健康状态之间的均方误差（mean square error，MSE）表示健康评估模型的精度。MSE 可以通过如下公式计算得出。

$$\text{MSE} = \frac{1}{T}\sum_{t=1}^{T}(\text{output}_{\text{model}} - \text{output}_{\text{actual}})^2 \tag{7.22}$$

式中，$\text{output}_{\text{model}}$ 和 $\text{output}_{\text{actual}}$ 分别表示无线传感器网络健康评估模型的输出值和实际的健康状态值；T 表示健康评估模型中检测数据的数量。

基于 BRB 模型的健康评估模型中，BRB 参数是由领域专家给出的，都具有特殊的物理

含义。因此,为保证建模过程中参数的物理意义的可解释性,应满足以下约束条件:

$$0 \leqslant \theta_k \leqslant 1, \quad k = 1, 2, \cdots, L \tag{7.23}$$

$$0 \leqslant \delta_i \leqslant 1, \quad i = 1, 2, \cdots, t-1 \tag{7.24}$$

$$0 \leqslant \beta_{n,k} \leqslant 1, \quad n = 1, \cdots, N, \quad k = 1, 2, \cdots, L \tag{7.25}$$

$$\sum_{n=1}^{N} \beta_{n,k} \leqslant 1, \quad k = 1, 2, \cdots, L \tag{7.26}$$

上述参数是优化模型中的被优化参数。约束条件根据 WSN 的状态进行调整。

优化模型可以表示为

$$\min \mathrm{MSE}(\theta_k, \beta_{n,k}, \delta_i) \tag{7.27}$$

式中,各参数必须满足式(7.23)~式(7.26)的约束条件。

在优化模型中不对健康预测模型的参数进行优化,它们是通过第 7.2.2 小节给出的最大似然估计方法来计算的。

针对上述的优化模型目标,本书利用所提出的 P-CMA-ES 优化模型求解,以获得 WSN 健康评估置信规则库模型的最优结构和参数。本模型在计算非线性、非凸连续优化问题时表现优异。本算法利用投影操作使生成的解始终满足等式约束,并能以较少的个体在短时间内收敛到全局最优解。此外,在参数与结构的联合优化模型中,可以利用操作输出精度,达到控制计算量的目的。

CMA-ES 模型的优化步骤为采样、选择和更新种群协方差矩阵[34-36]。但 BRB 健康评估模型中的置信度之和应该始终等于 1,参数优化问题是强约束优化问题。P-CMA-ES 优化模型通过使用投影约束,将不满足约束条件的解,直接强行映射回可行域空间,从而使个体在进化过程中达到约束条件。P-CMA-ES 的具体优化如下。

(1) 初始化操作。初始化参数 m^0、ψ、C^0、ε、λ、τ。其中,m^0 表示种群的均值;ψ 表示初始参数向量,并且 $m^0 = \psi$;C^0 表示协方差矩阵;ε 表示增量步长;λ 表示种群规模;τ 表示后代种群规模。

(2) 采用操作。初始种群的公式如下:

$$\psi_i^{g+1} \sim m^g + \varepsilon^g \mathrm{Nor}(0, C^g), \quad i = 1, \cdots, \lambda \tag{7.28}$$

式中,ψ_i^{g+1} 表示在第 $g+1$ 代中的第 i 个解;Nor 表示一个正态分布函数。

(3) 投影操作。根据等式约束,投影操作的公式如下:

$$\psi_i^{g+1}[1 + n_e \times (j-1) : n_e \times j] = \psi_i^{g+1}[1 + n_e \times (j-1) : n_e \times j] - A_e^{\mathrm{T}} \times (A_e \times A_e^{\mathrm{T}})^{-1}$$
$$\times \psi_i^{g+1}[1 + n_e \times (j-1) : n_e \times j] \times A_e \tag{7.29}$$

式中,n_e 表示在 ψ_i^{g+1} 解等式约束条件中变量的数目;$A_e = [1 \cdots 1]_{1 \times N}$ 表示参数向量。

(4) 选择操作。从种群中选择最优进化策略,更新均值,公式如下:

$$m^{g+1} = \sum_{i=1}^{\tau} h_i \psi_{i:\lambda}^{g+1} \tag{7.30}$$

式中,h_i 表示系数权重值;$\psi_{i:\lambda}^{g+1}$ 表示在参数向量第 $g+1$ 代中 λ 个解中第 i 个解。

(5) 更新操作。更新协方差矩阵,公式如下:

$$C^{g+1} = (1 - c_1 - c_2)C^g + c_1 p_c^{g+1} (p_c^{g+1})^{\mathrm{T}} + c_2 \sum_{i=1}^{v} h_i \left(\frac{\psi_{i:\lambda}^{g+1} - m^g}{\varepsilon^g} \right) \left(\frac{\psi_{i:\lambda}^{g+1} - m^g}{\varepsilon^g} \right)^{\mathrm{T}} \tag{7.31}$$

式中,c_1 和 c_2 表示学习效率;p_c 表示进化路径。

（6）重复上述操作,直到满足约束条件。

7.4.2 最优维护决策模型的建模过程

根据上述 WSN 最优维护决策模型的推理过程,将建模过程总结如下。

（1）将检测到的数据集分为训练数据和测试数据两部分,分别用来训练和测试最优维护决策模型。

（2）利用训练数据对最优维护决策模型进行训练。WSN 特征的检测数据用于对健康评估模型进行优化,然后将得到的 WSN 健康状态作为输入数据,进行健康预测模型的参数计算。

（3）利用测试数据对优化后的模型进行测试。WSN 当前时刻的健康状态通过基于 BRB 的健康评估模型得到;再根据当前时刻估算的健康状态,通过健康预测模型得到 WSN 未来的健康状态。

（4）根据领域专家给出维护阈值和预测的 WSN 健康状态,获得最优的维护时机。

7.5 实验验证

为了验证建立的最优维护决策模型的有效性,本书以用于监测海南省某港口附近原油存储罐工作状态的 WSN 最优维护时机为例进行了实验研究。

7.5.1 最优维护决策的实验描述

WSN 被安装于海边,用于监测原油存储罐的工作状态,包含湿度、温度、风速、风向、倾斜、振动和沉降等工作状态数据,如图 7.2 和图 7.3 所示。

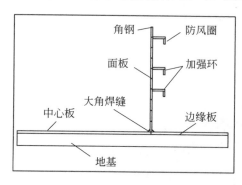
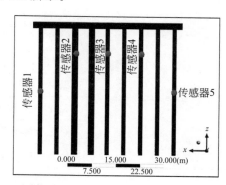

图 7.2　原油存储罐结构图

原油存储罐健康监测系统包含组件如表 7.1 所示。

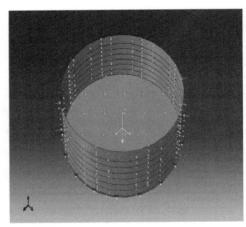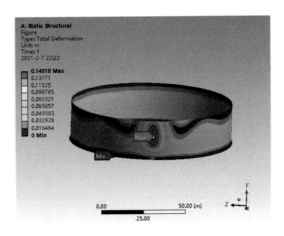

图 7.3　原油存储罐结构监测传感器部署仿真模型

表 7.1　原油存储罐健康监测系统包含的组件

序号	名　称	功　能	描　述
1	物联网边缘智能网关	嵌入式操作系统	整机软件
		智能网关	无线传感器管理
		液晶显示仪	多种类、多形态显示
		边缘计算数据处理	数据计算和分析
		数据记录仪	数据存储和便捷下载
		4G 无线数据通信网关	GPRS/4G 实现远程通信
		总线和以太网通信网关	RS-485/LAN 实现组网通信
		云控制终端	通过云端实现远程控制
2	环境监测	温度、湿度无线传感器	环境温度和湿度监测
3	动态参数	倾斜无线传感器	360°倾斜位移监控
		旋转无线传感器	水平旋转位移监控
		微振动无线传感器	感知振动信号
		低频无线传感器	采样边缘计算特征
		高频无线传感器	采样分布式振动数据
		摆幅无线传感器	摇摆数据监测
4	静态参数	接触式温度无线传感器	结构体表面和内部温度监测
		静力水准仪无线传感器	结构体整体沉降监测
		机械形变无线传感器	接触式表面应力微形变监测
5	套件	便携式仪器箱	内置网关和变送器

　　WSN 设备包括无线网关、数据采集中继站、现场采集主机和监测中心主机等,如图 7.4

所示。监测数据通过 433MHz 无线单元发射给网关；通信方案采用 433MHz LORA 低功耗无线通信方案，发射功率小于 100MW，脉冲宽度小于 200ms，平均功耗低于 10MW。

图 7.4　健康监测无线传感器网络架构

（1）数据管理层是由监测中心主机、基站和网关等组成。

（2）局域网通信层是由 Wi-Fi 桥接、Wi-Fi 热点等组成。

（3）数据采集层是由数据采集中继站、数据采集主站（RTU）、GPRS 收发器、Wi-Fi 收发器和现场采集主机等组成。

（4）感知层是由各类无线监测传感器组成。

WSN 最优维护决策需要解决两个问题。

（1）由于传感器可靠性高，所以故障率低，所能获得的传感器故障数据相对较少，无法提供足够的信息来建立精确的最优维护决策模型。

（2）WSN 的传感器设备分布在被监测对象的不同位置，其监测特性也不同，而且实际工作环境中的噪声影响了检测数据的准确性，致使专家无法提供准确的知识，此外专家知识的不确定性增大了使用知识的难度。

BRB 模型可以有效解决上述两个问题，进行健康评估，再利用参考健康状态等级和估算的健康状态建立基于 Wiener 过程的健康预测模型。

本验证实现选取 WSN 的故障率（failure rate，FR）和覆盖率（coverage rate，CR）两个指标作为前提特征属性。

7.5.2　最优维护决策模型的构建

本小节中最优维护决策模型是由领域专家构建的，CR 和 FR 分别被设置了 4 个和 5 个参考点，其中 L、SL、M、SH 和 H 分别表示低、稍低、中、稍高和高，如表 7.2 和表 7.3 所示。健康评估模型的输出等级的参考点和参考值如表 7.4 所示。

表 7.2　CR 的参考点和参考值

参考点	L	M	SH	H
参考值	5.3998	5.5	5.7	5.815

表 7.3　FR 的参考点和参考值

参考点	L	SL	M	SH	H
参考值	0.3699	0.4	0.42	0.44	0.4505

基于 BRB 的无线传感器网络健康评估模型的第 k 条置信规则表示为

$$B_k(t): \text{If } CR(t) \text{ is } A_1^k \wedge FR(t) \text{ is } A_2^k,$$
$$\text{Then } H(t) \text{ is } \{(L, \beta_{1,k}), (SL, \beta_{2,k}), (M, \beta_{3,k}), (SH, \beta_{4,k}), (H, \beta_{5,k})\} \quad (7.32)$$
$$\text{With rule weight } \theta_k, \text{ characteristic weight } \delta_1, \delta_2$$

表 7.4   输出等级的参考点和参考值

参考点	L	SL	M	SH	H
参考值	0	0.25	0.5	0.75	1

在 BRB 的健康评估模型中共包含 20 条置信规则,如表 7.5 所示。

表 7.5   WSN 的初始健康评估模型

序号	规则权重	前 提 特 征		置 信 分 布
		CR	FR	{L,SL,M,SH,H}
1	1	L	L	(1 0 0 0 0)
2	1	L	SL	(0.7 0.3 0 0 0)
3	1	L	M	(0.6 0.4 0 0 0)
4	1	L	SH	(0.5 0.5 0 0 0)
5	1	L	H	(0.6 0.3 0 0)
6	1	M	L	(0.3 0.7 0 0 0)
7	1	M	SL	(0.2 0.8 0 0 0)
8	1	M	M	(0.1 0.9 0 0 0)
9	1	M	SH	(0 0.7 0 0 0.3)
10	1	M	H	(0 0.5 0 0 0.5)
11	1	SH	L	(0.2 0.8 0 0 0)
12	1	SH	SL	(0 1 0 0 0)
14	1	SH	M	(0 1 0 0 0)
15	1	SH	SH	(0 0.8 0 0 0.2)
16	1	SH	H	(0 0.9 0 0 0.1)
17	1	H	L	(0 1 0 0 0)
18	1	H	SL	(0 0.8 0 0 0.2)
19	1	H	M	(0 0.6 0 0 0.4)
20	1	H	SH	(0 0 0 0.4 0.6)

基于 Wiener 过程的初始健康状态预测模型,通过历史健康状态得到:

$$\Phi(t_i) = \Theta(t_{i-1}) + 0.0116\Delta t + 0.0112 \cdot \Xi(\Delta t) \quad (7.33)$$

式中,$\Delta t = 1$;$\Xi(1) \sim N(0,1)$。根据 7.3.2 小节的定理,推导出退化系数和扩散系数分别为

0.0116 和 0.0112。

7.5.3　模型的训练和测试

在最优维护决策模型的训练和测试过程中,随机选取 250 组监测数据作为训练数据,剩余 265 组监测数据作为测试数据。基于 P-CMA-ES 算法的优化模型中,优化迭代次数设置为 300 次。无线传感器网络最优维护决策模型优化后,可以得到优化后的健康评估模型和健康预测模型。优化后的健康评估模型如表 7.6 所示。

表 7.6　优化后的健康评估模型

| 序号 | 规则权重 | 前 提 特 征 | | 置 信 分 布 |
		CR	FR	{L,SL,M,SH,H}
1	0.1089	L	L	(0.2442 0.0606 0.0987 0.2907 0.3059)
2	0.3138	L	SL	(0.2437 0.2700 0.1300 0.2686 0.0876)
3	0.5387	L	M	(0.1525 0.2055 0.2452 0.3645 0.0324)
4	0.2494	L	SH	(0.0515 0.1168 0.3198 0.1088 0.4031)
5	0.2473	L	H	(0.4502 0.2487 0.0091 0.2400 0.0520)
6	0.0499	M	L	(0.1309 0.1329 0.1544 0.2115 0.3703)
8	0.0951	M	SL	(0.2242 0.0907 0.3906 0.2754 0.0191)
9	0.3708	M	M	(0.1476 0.2343 0.1035 0.5023 0.0123)
10	0.9766	M	SH	(0.2996 0.0841 0.0918 0.1818 0.3428)
11	0.2576	M	H	(0.0769 0.2151 0.1196 0.2751 0.3133)
12	0.1185	SH	L	(0.4587 0.0683 0.0244 0.2126 0.2360)
13	0.6035	SH	SL	(0.8576 0.0707 0.0261 0.0053 0.0404)
14	0.2365	SH	M	(0.4927 0.1979 0.2310 0.0365 0.0419)
15	0.3318	SH	SH	(0.1064 0.0207 0.2183 0.1349 0.5196)
16	0.5521	SH	H	(0.3100 0.1138 0.0843 0.2293 0.2626)
17	0.4716	H	L	(0.3781 0.1665 0.1000 0.2108 0.1446)
18	0.0442	H	SL	(0.3918 0.0059 0.0330 0.4140 0.1553)
19	0.2095	H	M	(0.2508 0.4942 0.0472 0.1475 0.0604)
20	0.3079	H	SH	(0.3667 0.0331 0.0566 0.2856 0.2580)

健康评估模型的输出如图 7.5 所示,可以看出健康评估模型可以准确地评估无线传感器网络的健康状态。

基于 BRB、BP 神经网络和极限学习机三种模型的健康评估误差值对比如图 7.6 所示,可以看出 BRB 模型的健康状态评估值和实际健康状态之间的误差最小,优于另外两种健康评估模型,且误差值在可接受的范围内。

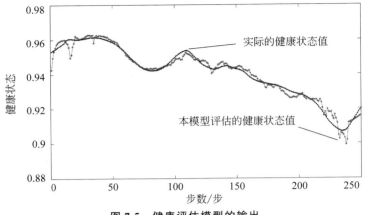

图 7.5　健康评估模型的输出

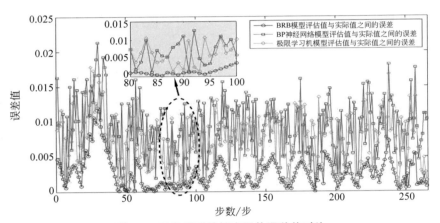

图 7.6　三种模型的健康评估误差值对比

此外，从图 7.7 中可以看出，当采样时间达到 217 时，WSN 的健康状态低于 0.92，需要进行维护。利用基于 Wiener 过程提出的健康状态预测模型，可以得到 WSN 的健康状态的预测值。可以看出最优的维护时机在 217 时上下波动，因此预测得到的最优维护时机能够满足 WSN 的健康状态低于 0.92 的要求。综上，实验结果表明建立的最优维护决策模型

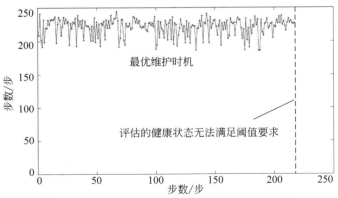

图 7.7　计算得到的无线传感器网络最优维护时机

能够提供准确的最优维护时机。

7.6　本章小结

为解决无线传感器网络健康评估决策中的监测数据缺乏和复杂系统机理两个问题，本书基于 BRB 模型和 Wiener 过程提出了最优维护决策模型。

最优维护决策模型的目标是在考虑 WSN 可靠性的前提下，获得最优的维护时机，其准确性直接影响 WSN 的可靠性和安全性，本书基于 BRB 专家系统和 Wiener 过程建立了最优维护决策模型。

在基于 Wiener 过程的 WSN 健康预测模型中，本书给出了利用极大似然估计方法计算退化系数和扩散系数的推导过程。

7.7　参考文献

[1] V. Reppa, M. M. Polycarpou, C. G. Panayiotou. Distributed sensor fault diagnosis for a network of interconnected cyberphysical systems[J]. IEEE Transactions on Cloud Computing, 2015(2): 11-23.

[2] T. H. Feng, N. Y. Shih, M. S. Hwang. A safety review on fuzzy-based relay selection in wireless sensor networks[J]. International Journal of Network Security, 2015(17): 712-721.

[3] B. Krishnamachari, S. Iyengar. Distributed Bayesian algorithms for fault-tolerant event region detection in wireless sensor networks[J]. IEEE Transactions on Computers, 2004, 53(3): 241-250.

[4] 李洋, 高岭, 孙骞, 等. 基于 RSOPNN 的无线传感器网络节点故障诊断算法[J]. 计算机工程与应用, 2017, 53(9): 111-116.

[5] H. Snoussi, C. Richard. Distributed Bayesian fault diagnosis of jump Markov systems in wireless sensor networks[J]. Internat. J. Sensor Networks, 2007(2): 118-127.

[6] T. Oh, Y. B. Choi, J. Ryoo, et al. Security management in wireless sensor networks for healthcare[J]. International Journal of Mobile Communications, 2011, 9(2): 187-207.

[7] L. L. Chang, Z. J. Zhou, Y. You, et al. Belief rule based expert system for classification problems with new rule activation and weight calculation procedures[J]. Information Sciences, 2016(336): 75-91.

[8] Y. W. Chen, J. B. Yang, D. L. Xu, et al. On the inference and approximation properties of belief rule based systems[J]. Information Sciences, 2013(38): 121-135.

[9] G. L. Li, Z. J. Zhou, C. H. Hu, et al. A new safety assessment model for complex system based on the conditional generalized minimum variance and the belief rule base[J]. Safety Sciences, 2017(93): 108-120.

[10] J. Liu, J. B. Yang, D. Ruan, et al. Self-tuning of fuzzy belief rule bases for engineering system safety analysis[J]. Annals of Operations Research, 2008, 163(1): 143-168.

[11] H. C. Liu, L. Liu, Q. L. Lin. Fuzzy failure mode and effects analysis using fuzzy evidential reasoning and belief rule-based methodology[J]. IEEE Transactions on Reliability, 2013, 62(1): 23-36.

[12] G. Kong, D. L. Xu, X. Liu, et al. Applying a belief rule-base inference methodology to a guideline-

based clinical decision support system[J]. Expert Systems,2010,26(5)：391-408.

[13] J. B.Yang,J. Liu,J. Wang,et al. Belief rule-base inference methodology using the evidential reasoning approach-RIMER[J]. IEEE Transactions System Man Cybernetics Part A-System Humans, 2006 (36)：266-285.

[14] Z. Feng,Z. Zhou,C. Hu,et al. A new belief rule base model with attribute reliability[J]. IEEE Transactions on Fuzzy Systems,2019,27(5)：903-916.

[15] Z. C. Feng,Z. J. Zhou,C. H. Hu,et al. A safety assessment model based on belief rule base with new optimization method［J］. Reliability Engineering and System Safety，DOI：10. 1016/j. ress. 2020.107055.

[16] M. S. Hossain, F. Ahmed, Fatema-Tuj-Johora,et al. A belief rule based expert system to assess tuberculosis under uncertainty[J]. Journal of Medical Systems,2017(41)：42-53.

[17] J. B. Yang,D. L. Xu. Evidential Reasoning rule for evidence combination[J]. Artificial Intelligence, 2013(205)：1-29.

[18] B. C. Zhang,G. Y. Hu,Z. J. Zhou,et al. Network intrusion detection based on directed acyclic graph and belief rule base[J]. ETRI Journal,2017,39(4)：592-604.

[19] Z. J. Zhou,C. H. Hu,J. B. Yang. A model for real-time failure prognosis based on hidden Markov model and belief rule base[J]. European Journal of Operational Research,2010,207(1)：269-283.

[20] Z. J. Zhou,Z. C. Feng,C. H. Hu,et al. Aeronautical relay health state assessment model based on belief rule base with attribute reliability［J］. Knowledge Based Systems，DOI：10.1016/j. knosys. 2020.105869.

[21] Z. J. Zhou,C. H. Hu,J.B. Yang,et al. A sequential learning algorithm for online constructing belief-rule-based systems[J]. Expert Systems with Applications,2010(37)：1790-1799.

[22] Z. J. Zhou,J. B. Yang,D. L. Xu,et al. Online updating belief-rule-base using the RIMER approach [J]. IEEE Transactions on Systems Man Cybernetics—Part A：Systems and Humans,2011,41(6)： 1225-1243.

[23] Z. J. Zhou,L. L. Chang,C. H. Hu,et al. A new BRB-ER-based model for assessing the lives of products using both failure data and expert knowledge[J]. IEEE Transactions on Systems,Man and Cybernetics：Systems,2016,46(11)：1529-1543.

[24] Z. G. Zhou,F. Liu,L. C. Jiao,et al. A bi-level belief rule based decision support system for diagnosis of lymph node metastasis in gastric cancer[J]. Knowledge Based Systems,2013(54)：128-136.

[25] Z. G. Zhou,F. Liu,L. L. Li,et al. A cooperative belief rule based decision support system for lymph node metastasis diagnosis in gastric cancer[J]. Knowledge-Based Systems,2015(85)：62-70.

[26] Y. Zhou. The distribution of limit points of increments of local time of the Wiener process[J]. Systems Science and Mathematical Sciences,1998(3)：210-217.

[27] Z. Zhou,C. Gao,C. Xu,et al. Social big-data-based content dissemination in internet of vehicles[J]. IEEE Transactions on Industrial Informatics,2018,14(2)：768-777.

[28] Tianyu Liu,Quan Sun,Jing Feng,et al. Residual life estimation under time-varying conditions based on a Wiener process[J]. Journal of Statistical Computation and Simulation,2017,87(2)：211-226.

[29] Zhang J X,Hu C H,He X,et al. A novel lifetime estimation method for two-phase degrading systems [J]. IEEE Transactions onReliability,2018,68(2)：689-709.

[30] 孙曙光,王佳兴,王景芹,等. 基于 Wiener 过程的万能式断路器附件剩余寿命预测[J]. 仪器仪表学报,2019,40(2)：26-37.

［31］ Wennian Yu,Yimin Shao,Jin Xu,et al. An adaptive and generalized Wiener process model with a recursive filtering algorithm for remaining useful life estimation［J］. Reliability Engineering & System Safety,2022(217)：108099.

［32］ 董青,郑建飞,胡昌华,等. 基于两阶段自适应 Wiener 过程的剩余寿命预测方法［J］. 自动化学报, 2022,48(2)：539-553.

［33］ 李军星,黄嘉鸿,邱明,等. 基于广义 Wiener 过程的滚动轴承剩余寿命预测［J］. 计算机集成制造系统,2022：1-17.

［34］ Zengcong Li,Kuo Tian,Hongqing Li,et al. A competitive variable-fidelity surrogate-assisted CMA-ES algorithm using data mining techniques［J］. Aerospace Science and Technology,2021(119)：107084.

［35］ Rafał Biedrzycki. Handling bound constraints in CMA-ES：an experimental study［J］. Swarm and Evolutionary Computation,2020(52)：100627.

［36］ Alireza Esmaeili Moghadam,Reza Rafiee-Dehkharghani. Optimal design of wave barriers in dry and saturated poroelastic grounds using covariance matrix adaptation evolution strategy［J］. Computers and Geotechnics,2021(133)：104015.

第 7 章　复杂环境下无线传感器网络健康维护决策

第8章 结论与展望

8.1 结 论

本书在置信规则库和复杂系统建模的理论基础上，建立了复杂环境下无线传感器网络健康管理模型。在实际工程应用中，以监测某港口附近原油存储罐工作状态的 WSN 的健康模型进行了实验验证。

利用监测指标的历史数据，建立基于 BRB 的丢失数据补偿模型；再根据补偿数据和监测数据，建立基于 BRB 的健康评估模型对其健康状态进行评估，可以有效地解决监测数据丢失等问题。

利用属性可靠度机理处理不可靠的监测信息，使用平均距离法计算监测数据的可靠度，建立基于 BRB-r 的健康评估模型并对其健康状态进行评估，可以有效地解决监测数据可靠度下降等问题。

利用自适应质量因子表示属性的规则、权重和质量因子以及可能发生的故障的概率，建立基于 BRB-SAQF 的故障诊断模型，可以减少不可靠的数据特征的影响。

利用幂集识别框架表示模糊信息，使用 ER 作为推理过程，建立基于 PBRB 的故障诊断方法，解决不同类型故障的特征数据具有相似性，使得诊断结果难以区分故障类型的问题。

最优维护决策模型由健康评估和健康预测两部分组成：基于 BRB 模型对 WSN 的健康状态进行评估；根据当前的健康评估状态，利用 Wiener 过程预测 WSN 的健康状态，可以准确地获得最优的维护时机。

基于本书提出的无线传感器网络健康管理模型，开发出健康管理系统，应用于某港口原油存储罐 WSN 健康状态的评估和维护决策，运行效果良好。

8.2 创 新 点

本研究以提高复杂环境下 WSN 健康管理的可靠性和精确性为目的，开展 WSN 健康管理的建模方法，并将理论研究成果应用于工程实践环节。

针对数据丢失状态下 WSN 健康评估问题，提出基于 BRB 模型的丢失数据补偿模型和基于 BRB 模型的健康评估模型。在数据传输过程中，环境干扰因素会影响数据的有效传输，导致监测数据的丢失和数据的不规则波动。本书提出"双"BRB WSN 健康评估模型：

首先基于 BRB 模型构建丢失数据补偿模型,该模型同时以历史数据和专家知识为模型的输入,丢失补偿数据作为模型输出;再根据补偿数据和监测数据,建立基于 BRB 的健康评估模型,对 WSN 健康状态进行评估。BRB 模型是一个由专家确定初始模型和参数值的专家系统,但由于专家知识的不确定性和模糊性,初始健康评估模型无法精确地评估健康状态。构建了基于 P-CMA-ES 算法的优化模型,该模型由丢失数据补偿优化模型和健康评估优化模型组成。

针对数据不可靠状态下 WSN 健康评估问题,提出基于 BRB-r 的 WSN 健康评估模型。WSN 被用于监测系统状态,当系统状态发生变化时,网络采集到的监测数据也会随之变化,导致监测数据可靠度下降,影响 WSN 健康评估的准确性。监测数据的平均距离可以反映特征的不可靠度,本书提出了一种基于监测数据平均距离的特征可靠度计算方法,并构建基于 BRB-r 的健康评估模型。分别从评估结果相对于指标可靠度的敏感性、评估结果相对于指标权重的敏感性和模型可靠度相对于属性可靠度的敏感性三个角度,对 WSN 健康指标可靠度敏感性进行分析。基于 BRB-r 的健康评估模型可以有效地解决 WSN 实际系统运行中存在的监测数据可靠度下降、复杂系统机理和专家知识使用难度大等问题。

针对数据不可靠状态下 WSN 节点故障诊断问题,提出基于 BRB-SAQF 的故障诊断模型。受到复杂的工作环境和无线数据传输的影响,WSN 收集的数据中含有噪声数据,导致故障诊断过程中提取的数据特征存在不可靠的数据。首先,提取了 WSN 节点故障诊断所需的数据特征。其次,引入并计算了输入属性的质量因子。再次,设计了带有属性质量因子的模型推理过程。最后,通过比较 WSN 节点常用的故障诊断方法和考虑静态属性可靠性的 BRB 方法,验证了所提模型的有效性。

针对难以区分 WSN 节点故障类型的问题,提出基于 PBRB 的故障诊断模型。传感器节点的故障诊断需要从原始采集的数据中提取特征数据。不同类型故障的特征数据具有相似性,使得诊断结果难以区分故障类型,这些无法区分的故障类型被称为模糊信息。使用幂集识别框架来表示模糊信息,使用 ER 作为推理过程,使用 P-CMA-ES 进行参数优化。与其他故障诊断方法相比,PBRB 方法具有更高的准确性和更好的稳定性,不仅可以识别难以区分的故障类型,还具有小样本训练优势,模型获得了较高的故障诊断精度和稳定性。

针对复杂环境下 WSN 健康维护决策问题,提出基于 BRB 模型和 Wiener 过程的最优维护决策模型。最优维护决策模型的目标是在考虑 WSN 可靠性的前提下,获得最优的维护时机,其准确性直接影响 WSN 的可靠性和安全性,本书基于 BRB 专家系统和 Wiener 过程建立了最优维护决策模型:基于 BRB 的健康评估模型用于评估 WSN 当前的健康状态,基于 Wiener 过程的健康预测模型用于预测 WSN 未来的健康状态。由领域专家给出 BRB 健康评估模型的初始结构,以及参考点、参考值、规则权重和特征权重等参数值,并进行训练和优化。在基于 Wiener 过程的 WSN 健康预测模型中,给出了利用极大似然估计方法计算退化系数和扩散系数的推导过程。在 WSN 健康维护决策模型中,由专家提供 WSN 健康状态的最小阈值,以确定最佳的维护时机。

8.3 展　　望

本书针对复杂环境下无线传感器网络健康管理中存在的问题,进行了深入研究,并取得了一定成绩。但仍有诸多问题需要解决,后续研究工作如下。

（1）在双 BRB 健康评估模型之间存在误差传递,误差来源尚不清楚。

（2）在 BRB-r 健康评估模型中,假定 WSN 的前提特征属性之间是独立的,并没有考虑属性之间的关联性,存在监测数据冗余问题。

（3）研究和设计网络结构 BRB 的构建方法,使模型的结构更符合被诊断对象的工作机理。

（4）对 PBRB 模型的推理过程进行优化,以提高模型的诊断精度。

（5）在基于 BRB 和 Wiener 过程的健康维护决策模型中,假定 WSN 的监测数据是完全可靠的,忽略了 WSN 工作环境中客观存在的噪声干扰,这将影响健康评估和预测的精度,以及最优维护时间的准确度。

附录 A 基本概念

A.1 专家系统

专家系统是一个智能计算机程序系统,其内部含有大量的某个领域专家水平的知识与经验,能够利用人类专家的知识和解决问题的方法来处理该领域问题。也就是说,专家系统是一个具有大量专门知识与经验的程序系统,它运用人工智能技术和计算机技术,根据某领域一个或多个专家提供的知识和经验进行推理与判断,模拟人类专家的决策过程,以便解决那些需要人类专家处理的复杂问题,简而言之,专家系统是一种模拟人类专家解决领域问题的计算机程序系统。

专家系统通常由人机交互界面、知识库、推理机、解释器、综合数据库和知识获取六个部分构成。其中,知识库与推理机是相互分离的。专家系统的体系结构随专家系统的类型、功能和规模的不同而有所差异。

为了使计算机能运用专家的领域知识,必须要采用一定的方式表示知识。目前常用的知识表示方式有产生式规则、语义网络、框架、状态空间、逻辑模式、脚本、过程和面向对象等。基于规则的产生式系统是目前实现知识运用最基本的方法。产生式系统是由综合数据库、知识库和推理机三个主要部分组成:综合数据库包含求解问题的世界范围内的事实和断言;知识库(对应 BRB)包含所有用"如果 IF:〈前提〉,于是THEN:〈结果〉"形式表达的知识规则;推理机(对应 ER)的任务是运用控制策略找到可以应用的规则。

高性能的专家系统应具备如下特征。

(1)启发性。不仅能使用逻辑知识,也能使用启发性知识,它运用规范的专门知识和直觉的评判知识进行判断、推理和联想,实现问题求解。

(2)透明性。用户在对专家系统结构不了解的情况下,可以进行相互交往,并了解知识的内容和推理思路,系统还能回答用户的一些有关系统自身行为的问题。

(3)灵活性。专家系统的知识与推理机的分离,使系统不断接纳新的知识,从而确保系统内知识不断增长以满足商业和研究的需要。

专家系统的功能应用领域概括有:解释(interpretation)、预测(prediction)、诊断(diagnosis)、故障隔离(fault isolation)、设计(design)、规划(planning)、监督(monitoring)、调试(debugging)、修理(repair)、进度(scheduling)、指导(instruction)、控制(control)、分析(analysis)、维护(maintenance)、配置(configuration)和校准(targeting)等。

A.2　专家知识的不确定性和模糊性

1. 不确定性

不确定性就是一个命题(即所表示的事件)的真实性不能完全肯定,而只能对其为真的可能性给出某种估计。

例如,如果乌云密布并且电闪雷鸣,则很可能要下暴雨;如果头痛发烧,则大概是患了感冒。这就是两个含有不确定性的命题。当然,它们描述的是人们的经验性知识。

2. 模糊性(不确切性)

模糊性就是一个命题中所出现的某些言辞的含义不够确切,从概念角度讲,也就是说其代表的概念的内涵没有硬性的标准或条件,其外延没有硬性的边界,即边界是软的或者说是不明确的。

例如,小王是个高个子;张三和李四是好朋友;如果向左转,则身体就向左稍倾。这三个命题中就含有不确切性,因为其中的言辞"高""好""稍倾"等的含义都是不确切的、模糊的。

3. 不完全性

不完全性就是对某事物来说,关于它的信息或知识还不全面、不完整、不充分。

例如,在破案的过程中,警方所掌握的关于罪犯的有关信息,往往就是不完全的。但就是在这种情况下,办案人员仍能通过分析、推理等手段而最终破案。

4. 不一致性

不一致性就是在推理过程中发生了前后不相容的结论;或者随着时间的推移或者范围的扩大,原来一些成立的命题变得不成立、不适合。

例如,牛顿定律对于宏观世界是正确的,但对于微观世界和宏观世界却是不适合的。

5. 随机性

随机性是指同一个事件会产生多个不同的结果。

例如,每期彩票的中奖号码具有随机性。

6. 不可靠性

不可靠性是指证据因受到各种干扰的影响而变得不完全可靠。

例如,传感器受到温度、湿度等因素的影响,采集数据的准确率会下降,如果准确率为95%,则基于这个传感器产生的证据的可靠性也是95%。

A.3　专家系统的可解释性

可解释性是对模型的行为有一个解释,目的是把模型的行为变成人类理解的因果关系,从而真正建立人与模型之间的信任。

可解释性可以分为：事前可解释性，即模型本身的可解释性；事后可解释性，即构建解释方法。

BRB 可解释性的来源：专家给出的规则、带物理意义的参数和透明的推理过程。

BRB 可解释性具体要求：规则可读、参数透明和符合常识。

BRB 可解释性存在的问题：优化后的规则权重和输出结果如何解释？规则是否真的被激活？专家是否真能给出准确的参考值？优化过程是否真的是"微调"？

A.4　辨　识　框　架

（1）全集辨识框架包含所有可能的命题，表示为 Θ。

假设 $\Theta = \{H_1, \cdots, H_n\}$ 是由一组互斥的，且构成完备集的命题（或基本假设）所组成的集合，即 $H_i \bigcap H_j = \phi, i \neq j, i = 1, \cdots, N, j = 1, \cdots, N$。

（2）辨识框架的幂集，表示为 2^{Θ} 或 $P(\Theta)$，包含 2^N 个子集。

$$2^{\Theta} = \{\phi, H_1, \cdots, H_N, \{H_1, H_2\}, \cdots, \{H_1, H_N\}, \cdots, \{H_{N-1}, H_N\}, \cdots, \{H_1, \cdots, H_{N-1}\}, \Theta\}$$

例如，某个问题包含 Excellent、Good、Common、Bad 四种系统状态。

辨识框架为 $\Theta = \{Excellent, Good, Common, Bad\}$，简写为 $\Theta = \{E, G, C, B\}$。

辨识框架的幂集包含 $2^4 = 16$ 个子集。

$$P(\Theta) = \begin{bmatrix} \phi, E, G, C, B \\ \{E, G\}, \{E, C\}, \{E, B\}, \{G, C\}, \{G, B\}, \{C, B\} \\ \{E, G, C\}, \{E, G, B\}, \{E, C, B\}, \{G, C, B\} \\ \Theta \end{bmatrix}$$

A.5　基本概率质量

基本概率质量也称基本概率分配函数，是一个映射函数。满足条件：$m(\phi) = 0$，$\sum_{i=1}^{N} m(H_i) = 1$（所有可能命题的基本概率之和等于 1）。其中，$m(H_i)$ 是命题 H_i 的基本概率质量。

A.6　全局无知和局部无知

（1）全局无知：用 $m(\Theta)$ 表示全局无知概率质量。

例如，某个问题分配给已知不同命题的概率质量之和 95%，剩余 5% 也属于命题集合中的某一个，但具体是哪一个不确定。

（2）局部无知：分配给辨识框架的幂集中某个非单子集的基本概率质量。

例如,$m(\{H_1,H_2,H_3\})$表示某个问题属于命题 H_1、H_2、H_3 中的某一个,但不知道具体属于其中哪一个命题。

A.7   信任函数和似然函数

通过信任函数和似然函数对证据的置信度进行衡量。信任函数也称信度函数,描述置信度的下界;似然函数用来描述置信度的上界。

(1) 信任函数(belief function),表示为

$$\mathrm{Bel}(H) = \sum_{B \subseteq H} m(B)$$

表示所有确定赋予命题 H 本身及其较小子集的概率质量之和,即命题 H 一定成立。

性质如下:

① 对于单个元素集合 A,有 $\mathrm{Bel}(A) = m(A)$;

② 对于辨识框架 Θ,有 $\mathrm{Bel}(\Theta) = \sum_{C \subseteq 2^\Theta} m(C) = 1$;

③ $\mathrm{Bel}(\phi) = m(\phi)$。

例如:

$$\begin{aligned}\mathrm{Bel}(\{H_1,H_2,H_3\}) = &\ m(H_1) + m(H_2) + m(H_3) + m(\{H_1,H_2\}) \\ &+ m(\{H_1,H_3\}) + m(\{H_2,H_3\}) + m(\{H_1,H_2,H_3\})\end{aligned}$$

(2) 似然函数(plausibility function),表示为

$$\mathrm{Pl}(H) = \sum_{B \cap H \neq \phi} m(B)$$

表示所有赋予与命题 H 之间存在非空交集(相交子集)的概率质量之和,即不否认命题 H 的信任度。

(3) 信任函数与似然函数的关系如下:

$$\mathrm{Pl}(H) = 1 - \mathrm{Bel}(\overline{H})$$

式中,$\overline{H}$ 表示命题 H 的补集(否命题)。

(4) 命题 H 的置信区间:支持命题 H 概率的上界和下界,表示证据的不确定度。表示为 $[\mathrm{Bel}(H),\mathrm{Pl}(H)]$。

例如:

① 命题 H 的置信区间为 $[0,0]$,此时 $\mathrm{Bel}(H) = 0$,$\mathrm{Pl}(H) = 0$,$\mathrm{Bel}(\overline{H}) = 1$,说明命题 H 完全不可信,命题 $\overline{H}$ 完全可信任。

② 命题 H 的置信区间为 $[1,1]$,此时 $\mathrm{Bel}(H) = 1$,$\mathrm{Pl}(H) = 1$,$\mathrm{Bel}(\overline{H}) = 0$,说明命题 H 完全可信任,命题 $\overline{H}$ 完全不可信。

③ 命题 H 的置信区间为 $[0.2,0.4]$,此时 $\mathrm{Bel}(H) = 0.2$,$\mathrm{Pl}(H) = 0.4$,$\mathrm{Bel}(\overline{H}) = 0.6$,说明命题 H 的可信度为 0.2,命题 $\overline{H}$ 的可信度为 0.6。

A.8 Dempster-Shafer 理论

A.8.1 概述

Dempster 在 1967 年的文献 *Upper and lower probabilities induced by a multivalued mapping* 中提出了上下概率的概念,并在一系列关于上下概率的文献中进行了拓展和应用,其后又在文献 *A generation of Bayesian inference* 中进一步探讨了不满足可加性的概率问题以及统计推理的一般化问题。

Shafer 在 Dempster 研究的基础上提出了证据理论,把 Dempster 合成规则推广到更为一般的情况,并于 1976 年出版 *A mathematical theory of evidence*,这一著作的出版标志着证据理论真正的诞生,为了纪念两位学者对证据理论所做的贡献,人们把证据理论称为 Dempster-Shafer 证据理论(D-S 证据理论)。

自从证据理论诞生以来,众多学者对证据理论进行了较为广泛的研究,也取得了丰硕的理论研究结果。证据理论在多分类器融合、不确定性推理、专家意见融合、多准则决策、模式识别和综合诊断等领域中都得到了较好的应用。

证据理论基于人们对客观世界的认识,根据人们掌握的证据和知识,对不确定性事件给出不确定性度量。这样做使得不确定性度量更贴近人们的习惯,更易于使用。

证据理论对论证合成给出了系统的合成公式,使多个证据合成后得到的基本可信数依然满足证据基本可信数的性质。Dempster 合成式具有结合律与交换律,使其有利于实现计算和选择合成效果好的、信息质量高的信息源。Dempster 合成规则是将多个主体(可以是不同人的预测、不同传感器的数据或不同分类器的输出结果等)相融合。

1. 优点

(1) 所需要的先验数据比概率推理理论更直观、更容易获得;满足比 Bayes 概率理论更弱的条件,即"不必满足概率可加性"。

(2) 可以融合多种数据和知识。

(3) 具有直接表达"不确定"和"不知道"的能力,这些信息表示在基本概率质量 mass 函数中,并在证据合成过程中保留了这些信息。

2. 缺点

(1) 证据必须是独立的。

(2) 证据合成规则没有非常坚固的理论支持,其合理性和有效性还存在较大的争议。

(3) 计算上存在"指数爆炸问题"。

(4) 在某些情况下得到的结果违背常理,如 Zadeh 悖论,具体见后续的案例。

例如,有一个传感器探测到远处的一道光,这道光只能发出{Red,Yellow,Green}三种颜色中的一种光。传感器对所探测的光做出分析,形成了假设这道光可能是{Null,Red,Yellow,Green,Red or Yellow,Red or Green,Yellow or Green,Any},以及这些假设相应的可能性(即基本概率质量)。那么,D-S 证据理论就是根据这个传感器提供的各个假设的信息,得到针对每一个假设的可信度区间。需要注意的是,这里的 Red or Yellow 并不是 $P(\text{Red})+P(\text{Yellow})$,而是 Red or Yellow 这一假设的概率。不同假设光的信息如表 A-1 所示。

表 A-1　不同假设光的信息

假　　设	基本概率质量	置　信　度	概　　率
Null	0	0	0
Red	0.35	0.35	0.56
Yellow	0.25	0.25	0.45
Green	0.15	0.15	0.34
Red or Yellow	0.06	0.66	0.85
Red or Green	0.05	0.55	0.75
Yellow or Green	0.04	0.44	0.65
Any	0.1	1.0	1.0

(1) 设 X 全域:上面那道光可能发出的颜色,即 $X=\{\text{Red, Yellow, Green}\}$。对于 X 全域,一共有 8 种假设(包括空集),这个叫作辨识框架 Θ,或者假设空间。

对于本例,辨识框架 $\Theta=\{\text{Red, Yellow, Green}\}=\{\text{Null, Red, Yellow, Green, Red or Yellow, Red or Green, Yellow or Green, Any}\}$。

(2) D-S 证据理论针对辨识框架中的每一个假设都分配了概率,称为基本概率分配(basic probability assignment,BPA)或基本置信分配(basic belief assignment,BBA)。这个分配函数称为 mass 函数。

① 每个假设的 mass 函数值(概率或者置信度)都在 0 和 1 之间。

② 空集的 mass 函数值为 0,即其他假设的 mass 值的和为 1。

③ 使得 mass 值大于 0 的假设,称为焦元(focal element)。

在本例中,第 2 列即为 mass 函数针对各个假设的值,$m(\text{Null})=0$,$m(\text{Red})+m(\text{Yellow})+m(\text{Green})+\cdots+m(\text{Any})=1$。

(3) 根据 mass 函数计算每一个假设的信任函数(belief function)以及似然函数(plausibility function)。

① 命题 A 的信任函数是指所有真属于 A 的假设的概率分配累加和,即 $\sum m(B)$,$B\in A$。

以本例来讲,如果命题 A 为 Red,那么 Bel(A)=0.35,因为只有它本身是属于假设 A;如果命令 A 为 Red or Yellow,那么 Bel(Red or Yellow)=$m(\text{Null})+m(\text{Red})+m(\text{Yellow})+m(\text{Red or Yellow})$=0+0.35+0.25+0.06=0.66。

② 命题 A 的似然函数是所有与 A 相交不为空的命题 B 的 mass 值的和。

以本例来讲,如果 A 命题为 Red,那么 Pl(A)=$m(\text{Red})+m(\text{Red or Yellow})+m(\text{Red or Green})+m(\text{Any})$=0.35+0.06+0.05+0.1=0.56。

(4) 信任区间。根据上面的信任函数和似然函数,对于一个辨识框架中的某个假设 A,可以根据其基本概率分配的 mass 函数来计算命题 A 的 Bel(A)及 Pl(A)。那么,由信任函数与似然函数组成的闭区间[Bel(A),Pl(A)]则为命题 A 的信任区间,表示对命题 A 的确认程度。

A.8.2 合成规则

前面的案例都是只有一个主体对一个辨识框架预测,而 Dempster 合成规则可以将多个主体的输出结果相融合。

两个主体的 mass 函数 m_1 和 m_2 有

$$m(\mathrm{H}) = [m_1 \oplus m_2](\mathrm{H}) = \begin{cases} 0 & ,\mathrm{H} = \phi \\ \dfrac{\sum\limits_{\mathrm{B} \cap \mathrm{C} = \mathrm{H}} m_1(\mathrm{B})m_2(\mathrm{C})}{1 - \sum\limits_{\mathrm{B} \cap \mathrm{C} = \phi} m_1(\mathrm{B})m_2(\mathrm{C})} & ,\mathrm{H} \neq \phi \end{cases}$$

式中,$\oplus$ 表示正交和算子;分母 $\sum\limits_{\mathrm{B} \cap \mathrm{C} = \phi} m_1(\mathrm{B})m_2(\mathrm{C})$ 也可表示为 K,则

$$1 - K = 1 - \sum\limits_{\mathrm{B} \cap \mathrm{C} = \phi} m_1(\mathrm{B})m_2(\mathrm{C})$$

合成规则为两个 mass 函数 m_1 和 m_2,对于 A 的合成结果等于两个主体的假设中,所有相交为 A 的假设的 mass 函数值的乘积之和,再除以一个归一化系数 $1-K$。归一化系数 $1-K$ 中的 K 的含义是证据之间的冲突。

例如,一宗谋杀案有三个犯罪嫌疑人:$U = \{\text{Peter, Paul, Mary}\}$。两个目击证人($W_1$,$W_2$)分别指证犯罪嫌疑人,得到两个 mass 函数 m_1 和 m_2,如表 A-2 所示。

表 A-2 犯罪嫌疑人的 mass 函数值

犯罪嫌疑人	$m_1()$	$m_2()$	$m_{12}()$
{Peter}	0.99	0.00	0.00
{Paul}	0.01	0.01	1.00
{Mary}	0.00	0.99	0.00

该问题抽象为辨识框架 $\Theta = \{\text{Peter,Paul,Mary}\}$,基本概率分配函数为:$m\{\text{Peter}\}$,$m\{\text{Paul}\}$,$m\{\text{Mary}\}$。

根据上述信息,为了求得合成规则 m_{12},先求归一化系数 $1-K$ 值。注意,该例中罪犯只能有一个,所以 Peter、Paul、Mary 彼此交集都为空:

$$1 - K = \sum\limits_{\mathrm{B} \cap \mathrm{C} \neq \phi} m_1(\mathrm{B}) \cdot m_2(\mathrm{C}) = m_1(\text{Peter}) \cdot m_2(\text{Petter}) + m_1(\text{Paul}) \cdot m_2(\text{Paul})$$
$$+ m_1(\text{Mary}) \cdot m_2(\text{Mary})$$
$$= 0.99 \times 0.00 + 0.01 \times 0.01 + 0.00 \times 0.99$$
$$= 0.0001$$

然后,求合成之后每个假设的 mass 函数值。

Peter 的组合 mass 函数值:

$$m_1 \oplus m_2(\{\text{Peter}\}) = \frac{1}{1-K} \sum\limits_{\mathrm{B} \cap \mathrm{C} = \{\text{Peter}\}} m_1(\mathrm{B}) \cdot m_2(\mathrm{C})$$

$$= \frac{1}{1-K} \cdot m_1(\{\text{Peter}\}) \cdot m_2(\{\text{Peter}\})$$

$$= \frac{1}{0.0001} \times 0.99 \times 0.00$$

$$= 0$$

Paul 的组合 mass 函数值：

$$m_1 \oplus m_2(\{\text{Paul}\}) = \frac{1}{1-K} \sum_{B \cap C = \{\text{Paul}\}} m_1(B) \cdot m_2(C)$$

$$= \frac{1}{1-K} \cdot m_1(\{\text{Paul}\}) \cdot m_2(\{\text{Paul}\})$$

$$= \frac{1}{0.0001} \times 0.01 \times 0.01$$

$$= 1$$

Mary 的组合 mass 函数值：

$$m_1 \oplus m_2(\{\text{Mary}\}) = \frac{1}{1-K} \sum_{B \cap C = \{\text{Mary}\}} m_1(B) \cdot m_2(C)$$

$$= \frac{1}{1-K} \cdot m_1(\{\text{Mary}\}) \cdot m_2(\{\text{Mary}\})$$

$$= \frac{1}{0.0001} \times 0.00 \times 0.99$$

$$= 0$$

由此，得到了如表 A-2 所示的组合函数 m_{12}。

根据得到的 Dempster 合成的 mass 函数，同样能计算组合 mass 函数对于各个命题的信度函数以及似然函数。

$$\text{Bel}(\{\text{Peter}\}) = \text{Pl}(\{\text{Peter}\}) = m_{12}(\{\text{Peter}\}) = 0$$
$$\text{Bel}(\{\text{Paul}\}) = \text{Pl}(\{\text{Paul}\}) = m_{12}(\{\text{Paul}\}) = 1$$
$$\text{Bel}(\{\text{Mary}\}) = \text{Pl}(\{\text{Mary}\}) = m_{12}(\{\text{Mary}\}) = 0$$

但是这一结果却有悖于常识，因为在两个目击证人指证的证据中，Paul 是凶手的概率很小，但是最终的结果却直接指向了 Paul，这就是 Zadeh 悖论。

更极端的情况是，如果 W_1 中，$m\{\text{Peter}\} = 1$，W_2 中 $m\{\text{Mary}\} = 1$，则归一化因子 $K = 0$，D-S 组合规则无法进行。

如果修改"Zadeh 悖论"中的部分数据，即允许目击者指认多个犯罪嫌疑人，如表 A-3 所示。

表 A-3　修改后犯罪嫌疑人的 mass 函数值

犯罪嫌疑人	$m_1()$	$m_2()$	$m_{12}()$
{Peter}	0.98	0.00	0.49
{Paul}	0.01	0.01	0.015
{Mary}	0.00	0.98	0.49
$\Theta = \{\text{Peter}, \text{Paul}, \text{Mary}\}$	0.01	0.01	0.005

重新计算一下新的组合 mass 函数。

先计算归一化系数 $1-K$：

$$1-K = \sum_{B \cap C \neq \phi} m_1(B) \cdot m_2(C)$$

$$= m_1(\text{Peter}) \cdot m_2(\Theta) + m_1(\text{Paul}) \cdot m_2(\text{Paul}) + m_1(\text{Paul}) \cdot m_2(\Theta)$$

$$+ m_1(\Theta) \cdot m_2(\text{Paul}) + m_1(\Theta) \cdot m_2(\text{Mary}) + m_1(\Theta) \cdot m_2(\Theta)$$

$$= 0.98 \times 0.01 + 0.01 \times 0.01 + 0.01 \times 0.01 + 0.01 \times 0.01 + 0.01 \times 0.98 + 0.01 \times 0.01$$

$$= 0.02$$

也可以反过来，用相交为空的公式计算：

$$1-K = 1 - \sum_{B \cap C = \phi} m_1(B) \cdot m_2(C)$$

$$= 1 - [m_1(\text{Peter}) \cdot m_2(\text{Paul}) + m_1(\text{Peter}) \cdot m_2(\text{Mary}) + m_1(\text{Paul}) \cdot m_2(\text{Mary})]$$

$$= 1 - [0.98 \times 0.01 + 0.98 \times 0.98 + 0.01 \times 0.98]$$

$$= 1 - 0.98$$

$$= 0.02$$

计算 Peter 的组合 mass 函数：

$$m_1 \oplus m_2(\{\text{Peter}\}) = \frac{1}{1-K} \sum_{B \cap C = \{\text{Peter}\}} m_1(B) \cdot m_2(C)$$

$$= \frac{1}{1-K}[m_1(\{\text{Peter}\}) \cdot m_2(\{\text{Peter}\}) + m_1(\{\text{Peter}\}) \cdot m_2(\{\Theta\})$$

$$+ m_1(\{\Theta\}) \cdot m_2(\{\text{Peter}\})]$$

$$= \frac{1}{0.02} \times (0.98 \times 0.00 + 0.98 \times 0.01 + 0.01 \times 0.00)$$

$$= 0.49$$

计算 Paul 的组合 mass 函数：

$$m_1 \oplus m_2(\{\text{Paul}\}) = \frac{1}{1-K} \sum_{B \cap C = \{\text{Paul}\}} m_1(B) \cdot m_2(C)$$

$$= \frac{1}{1-K}[m_1(\{\text{Paul}\}) \cdot m_2(\{\text{Paul}\}) + m_1(\{\text{Paul}\}) \cdot m_2(\{\Theta\})$$

$$+ m_1(\{\Theta\}) \cdot m_2(\{\text{Paul}\})]$$

$$= \frac{1}{0.02} \times (0.01 \times 0.01 + 0.01 \times 0.01 + 0.01 \times 0.01)$$

$$= 0.015$$

计算 Mary 的组合 mass 函数：

$$m_1 \oplus m_2(\{\text{Mary}\}) = \frac{1}{1-K} \sum_{B \cap C = \{\text{Mary}\}} m_1(B) \cdot m_2(C)$$

$$= \frac{1}{1-K}[m_1(\{\text{Mary}\}) \cdot m_2(\{\text{Mary}\}) + m_1(\{\text{Mary}\}) \cdot m_2(\{\Theta\})$$

$$+ m_1(\{\Theta\}) \cdot m_2(\{\text{Mary}\})]$$

$$= \frac{1}{0.02} \times (0.00 \times 0.98 + 0.00 \times 0.01 + 0.01 \times 0.98)$$
$$= 0.49$$

计算{Peter,Paul,Mary}的组合 mass 函数：

$$m_1 \oplus m_2(\{\Theta\}) = \frac{1}{1-K} \sum_{B \cap C = \{\Theta\}} m_1(B) \cdot m_2(C)$$
$$= \frac{1}{1-K} \cdot m_1(\{\Theta\}) \cdot m_2(\{\Theta\})$$
$$= \frac{1}{0.02} \times 0.01 \times 0.01$$
$$= 0.005$$

根据这次的结果，计算组合函数对每个命题的信任函数值以及似然函数值：

$$\text{Bel}(\{Peter\}) = 0.49; \text{Pl}(\{Peter\}) = 0.49 + 0.005 = 0.495$$
$$\text{Bel}(\{Paul\}) = 0.015; \text{Pl}(\{Paul\}) = 0.015 + 0.005 = 0.020$$
$$\text{Bel}(\{Mary\}) = 0.49; \text{Pl}(\{Mary\}) = 0.49 + 0.005 = 0.495$$
$$\text{Bel}(\Theta) = \text{Pl}(\Theta) = 0.49 + 0.015 + 0.49 + 0.005 = 1$$

备注：

（1）Dempster 合成规则是一种联合概率推理方法，贝叶斯推理是其特殊情况。

（2）Dempster 合成规则符合交换律和结合律。

（3）Dempster 合成规则在证据冲突面前存在明显缺陷，见本小节案例。

（4）作为一种非补偿推理方法，如果有一条证据否定某个命题时，无论其他证据情况如何，合成结果都完全否定该命题。只有所有证据都在某种程度上支持命题时，该命题的基本概率质量才大于 0。